국토 지리 편

초등 3년 이상

이간용 지음

에듀인사이트

초등 지리 바탕 다지기 (국토 지리 편)

초판 1쇄 발행 2016.12.21 | 초판 5쇄 발행 2023.03.14 | 지은이 이간용 | 펴낸이 한기성 | 펴낸곳 에듀인사이트(인사이트)
기획 · 편집 공명, 신승준 | 본문 디자인 문선희 | 표지 디자인 오필민 | 일러스트 나일영 | 인쇄 · 제본 서정바인텍
등록번호 제2002-000049호 | 등록일자 2002년 2월 19일 | 주소 서울시 마포구 연남로5길 19-5
전화 02-322-5143 | 팩스 02-3143-5579 | 홈페이지 http://edu.insightbook.co.kr
페이스북 http://www.facebook.com/eduinsightbook | 이메일 edu@insightbook.co.kr
ISBN 978-89-6626-713-2 64980
SET 978-89-6626-705-7

책값은 뒤표지에 있습니다. 잘못 만들어진 책은 바꾸어 드립니다.
정오표는 http://edu.insightbook.co.kr/library에서 확인하실 수 있습니다.

"20년쯤 지나면,
당신이 한 일 보다는 하지 못한 일들 때문에 후회하게 될 것이다.
그러니까 밧줄을 던져라.
항구에서 떠나라.
무역풍을 타고서 탐험하고, 꿈꾸고, 발견해라."
– 마크 트웨인

지리는 사회를 이해하는 기본 지식입니다.

이 땅에 태어나 살아가는 우리가 꼭 알아야 할 세 가지가 있습니다. 그중 두 가지는 우리가 함께 쓰고 있는 글과 말, 그리고 이 땅에서 옛날에 일어났던 일들입니다. 즉, 국어와 국사이지요. 그럼 나머지 하나는 무엇일까요? 그것은 바로 이 땅의 모습, 즉 국토의 지리입니다. 국토는 우리 조상들이 살다갔고, 지금 우리가 살아가고 있고, 앞으로 우리 후손이 살아가야 할 삶의 터전이고 토대입니다. 만일 국토가 없다면 어떤 역사도, 어떤 삶도 이루어질 수 없을 겁니다. 따라서 국토 지리에 대한 공부는 과거는 물론 현재를 살아가는 사람들의 삶을 이해하기 위한 기본 바탕이라고 할 수 있습니다.

지리는 수많은 생명체의 보금자리인 초록별 지구와 거기서 살아가는 사람들의 다양한 삶의 모습을 다룹니다. 우리 땅에는 왜 얼룩말이 널리 서식하지 않는지를 알고 싶을 때 지리 지식이 필요합니다. 낯선 곳에서 길을 물을 때 우리는 지리적인 대답을 기대합니다. 여행한 곳을 근사하게 설명하려 할 때 지리를 말하지 않을 수 없지요. 신도시를 세울 때도, 새로운 곳으로 이사하려 할 때도 그곳의 지리를 알아야 합니다. 이처럼 지리를 잘 안다면 세상에 대한 느낌을 더 잘 만들어 갈 수 있고, 더 잘 설명해 낼 수 있답니다.

국토 지리란 우리 땅의 모습에 관한 현재의 이야기입니다. **'초등 지리 바탕 다지기 국토 지리 편'**에서는 우리 땅의 생김새와 모습을 알고, 그것이 우리의 삶과 어떤 관계가 있는지를 살펴보고자 합니다. 그런데 우리 땅의 생김새와 모습을 제대로 파악하려면 기본적으로 위치, 지형, 기후 등과 같은 자연환경을 잘 알아야 합니다. 자연환경은 국토를 이루는 기본 요소이기 때문이지요.

그래서 이 책에서는 국토 지리 학습의 기초를 다지기 위해 우리 땅의 위치, 지형, 기후 특성을 중심으로 짜임새를 갖추어 하나하나 차근차근 쉽게 알아가도록 꾸며보았습니다. 특히, 여러분이 갖고 있는 근본적인 호기심과 궁금증을 풀어가면서 개념과 원리를 이해할 수 있도록 구성해보았습니다.

여러분이 이 책으로 국토 지리를 공부한다면 사회과 학습은 물론이고, 여러분의 사고력과 교양을 넓히는 데도 큰 보탬이 될 것입니다. 감사합니다.

2016년 겨울 이간용 씀

사회 공부의 첫걸음! 국토지리 워크북

하나 사회 학습의 바탕 지식을 이해합니다.

땅은 사람들이 살아가는 공간으로서 의식주는 물론 사람들 사이의 관계에 많은 영향을 미칩니다. 따라서 사회를 제대로 이해하기 위해서는 먼저 사람들이 살아가는 땅, 즉 지리에 대해 잘 알고 있어야 합니다. **'초등 지리 바탕 다지기 국토 지리 편'**은 사회 학습에 필요한 기본적인 지리 개념을 쉽게 이해할 수 있습니다.

둘 외우지 않고 활동을 통해 이해합니다.

'초등 지리 바탕 다지기 국토 지리 편'은 딱딱하게 풀어 쓴 개념을 읽고 외우거나 사지선다형의 문제를 반복해서 푸는 지루한 교재가 아닙니다. 다양한 활동을 통해 쉽게 재밌게 지리 개념을 이해하는 신개념 워크북입니다.

셋 일상생활과의 관계 속에서 개념을 이해합니다.

초등 국토 지리에서 다루고 있는 기본 개념들의 사전적 이해는 물론, 각각의 지리 개념들이 일상과 어떻게 연관되어 있고 어떻게 영향을 주고받는지 살펴봄으로써 좀 더 생생하고 구체적으로 개념들을 이해할 수 있습니다.

넷 우리 국토의 기본적인 특징을 이해합니다.

'초등 지리 바탕 다지기 국토 지리 편'은 위치와 지형, 그리고 기후의 세 영역과 관련하여 우리 국토가 갖는 특징을 다루고 있습니다. 위치를 통해서는 우리 국토의 수리적, 지리적, 관계적 위치를, 지형을 통해서는 우리 국토의 지형적 특성과 우리 생활 사이의 관계를, 기후를 통해서는 국토의 기후적 특성과 우리 생활 사이의 관계를 이해할 수 있습니다.

다섯 초등 교과 과정과 연계하여 학습할 수 있습니다.

전체적으로는 초등 5~6학년 교과 과정을 중심으로 주제를 구성하였으나, 3~4학년들도 어렵지 않게 교재를 활용할 수 있도록 활동을 쉽고 다양하게 배치하였습니다. 또한 활동에 필요한 개념 설명과 방법 등도 따로 제공하여 학습에 불편함이 없도록 했습니다.

워밍업

우리 국토의 전체적인 생김새를 알아보고, 다양한 형태의 지도에서 우리 국토가 어디에 위치해 있는지 찾아봅니다.

하나. 우리 국토의 위치와 영역

이 단원에서는 먼저 위치가 갖는 기본적인 특징과 위치와 사회적 영향력 사이의 관계를 살펴봅니다. 그런 다음 위도와 경도를 이용해 수리적 위치의 특징을 알아보고, 수리적 위치가 기후와 자연환경에 미치는 영향, 그리고 우리 국토의 수리적 위치와 비슷한 나라를 찾아봅니다.
또한 우리 국토의 지리적 위치와 관계적 위치에 대해서도 살펴보고, 마지막으로 우리 국토의 영역인 영토, 영공, 영해의 구분과 특징을 알아봅니다.

둘. 국토의 지형 환경과 우리 생활

이 단원에서는 우리 국토의 전체적인 생김새와 주변의 모습을 살펴본 다음, 산지, 강과 평야, 해안, 그리고 특수 지형별로 각각 어떤 특징이 있는지 알아봅니다.
산지에서는 우리 국토의 산맥과 지세를 살펴보고 산지가 우리 생활에 어떤 영향을 끼쳐 왔는지 알아봅니다. 강과 평야에서는 우리 국토의 강과 평야가 어디에 위치해 있는지 그리고 그렇게 된 까닭을 살펴보고 도시 발달과의 관계도 알아봅니다. 해안에서는 우리 국토의 해안선 모습과 각 해안별로 서로 다른 특징을 살펴봅니다. 마지막으로 특수 지형에서는 카르스트 지형과 화산 지형의 특징을 알아봅니다.

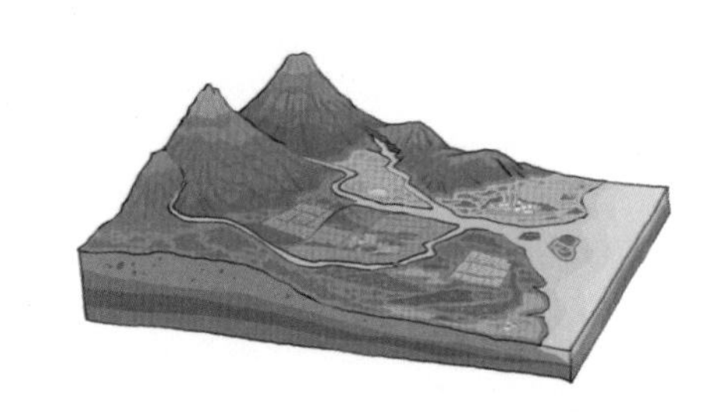

셋. 국토의 기후 환경과 우리 생활

14℃ 대관령 1,000m 태백산맥 22℃ 홍천 24℃ 서울 습윤한 공기 200m 강릉 20℃

<높새바람이 생기는 원리>

이 단원에서는 먼저 기후의 정의와 세계의 기후 분포를 통해 우리 국토는 어떤 기후에 속하는지 알아봅니다. 그런 다음 기후 요소 중 첫 번째인 기온의 특징을 살펴봅니다. 이를 통해 계절에 따라 나타나는 기온의 특징, 국토의 동서와 남북 간 기온 특성을 알아봅니다. 그리고 이러한 기온 특성이 우리 생활에 어떠한 영향을 끼쳐 왔는지도 살펴봅니다.
기후 요소 중 두 번째인 강수에서는 계절별 또는 지역별 강수량의 분포를 알아보고 강수량의 차이가 사람들의 생활에 어떤 영향을 주었는지 살펴봅니다. 마지막으로 바람에서는 바람의 발생 원인과 계절별 바람의 특성을 알아보고, 마찬가지로 바람이 사람들의 생활에 미치는 영향을 살펴봅니다.

마무리 활동

무지개 국토 퍼즐 맞추기, 빗방울 삼형제의 국토 여행, 그리고 한반도 기후 모자이크 만들기를 통해 앞에서 공부했던 우리 국토의 위치, 지형, 기후에 대해 얼마나 이해하고 있는지 확인합니다.

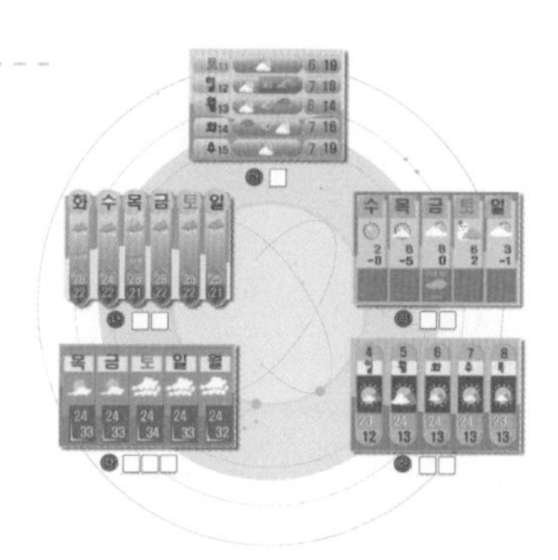

- **'초등 지리 바탕 다지기'(국토 지리 편)**에서는 모두 23개의 활동 주제가 있습니다. 그리고 각각의 활동 주제마다 실제 활동 미션인 act가 나오게 됩니다. act의 개수는 1~5개 사이로 주제마다 다릅니다.
- 활동의 형태는 직접 그리기, 선 잇기, 맞는 답 찾기, 지도에 표시하기 등 다양합니다. 지시 사항에 맞게 활동을 수행해주세요.
- **학습량은 하루에 활동 주제 1개를 해결하는 정도가 좋습니다.** 매일 학습하기 어렵다면 하루에 활동 주제 2개 정도를 수행하되 학습 시간은 10분을 초과하지 않는 것이 좋습니다.

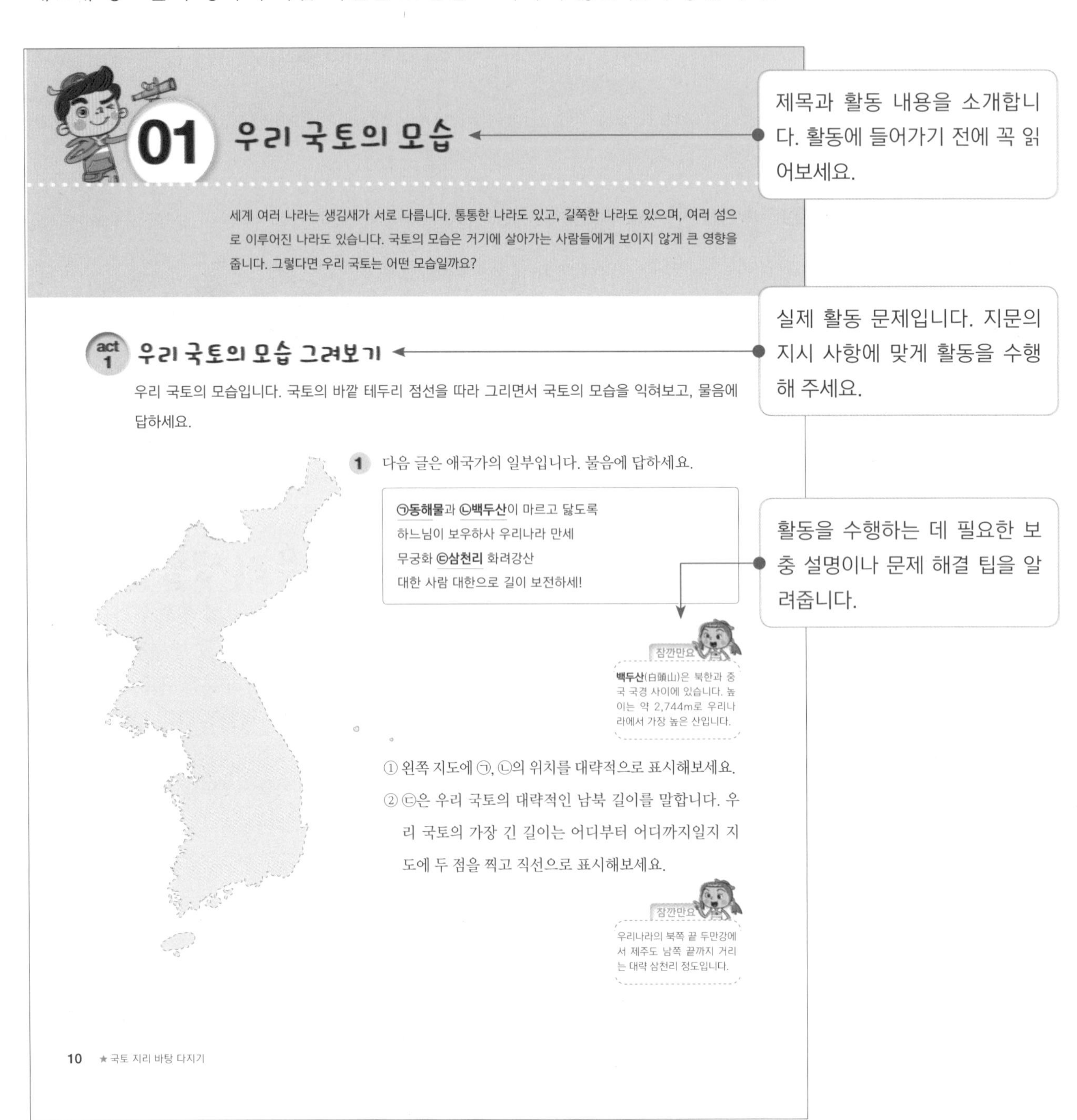

지금까지 배운 내용을 정리해 봅시다.

1. 위치의 뜻과 중요성

보기 | 관계, 자리, 위치

(1) 넓은 땅 위의 어떤 현상이나 장소를 다루는 지리에서는 무엇이 어디에, 곧 □□에 대한 학습이 기본적으로 필요합니다.

(2) 위치란 어떤 현상이나 장소가 땅위에서 차지하고 있는 □□를 말합니다.

(3) 어떤 현상이나 장소의 위치에는 까닭과 이유, 영향과 □□가 담겨 있습니다.

2. 우리 국토의 위치

보기 | 9, 33, 43, 124, 132, 동, 북, 중
해양, 반도, 대륙, 관계, 기후, 위도, 경도, 온대, 시간대, 유라시아, 지형지물

(1) 수리적 위치

① 수리적 위치란 □□와 □□로 정해지는 위치입니다.

② 우리 국토는 북위 □□°~□□° 사이에 자리 잡고 있어 □반구의 □위도대에 위치합니다. 위도는 □□와 관련이 깊은데, 우리 국토에는 □□와 냉대 기후가 나타납니다.

③ 우리 국토는 동경 □□□°~□□□° 사이에 자리 잡고 있어 □반구에 위치합니다. 경도는 □□□와 관련이 깊은데, 우리나라는 영국보다 □시간 이른 시간대를 가집니다.

(2) 지리적 위치

① 지리적 위치란 대륙, 해양 등과 같은 □□□□로 정해지는 위치입니다.

② 우리 국토는 □□□□대륙 동안에 위치한 □□ 국가입니다. 그래서 □□과 □□을 모두 이용하기에 유리한 위치입니다.

(3) 관계적 위치

① 관계적 위치란 주변 나라와의 □□로 정해지는 위치합니다.

② 우리 국토의 관계적 위치는 시대에 따라 (달라져, 변함없이) 왔습니다.

이번 단원에서 활동한 내용을 정리합니다. 또한 중요한 개념들을 다시 한 번 확인합니다.

잠시 쉬어 갈까요?

세계에서 영토가 가장 넓은 나라와 작은 나라는 어디일까요?

여러분도 잘 알고 있는 것처럼 전 세계에서 영토가 가장 넓은 나라는 러시아입니다. 그 면적이 자그마치 17,098,242㎢ 라는 군요. 이는 전 세계 육지 면적의 약 1/8을 차지하는 크기입니다. 남북한을 합친 면적보다 77배 정도 넓습니다. 오른쪽 지도는 러시아의 영토 모습입니다. 세로로 세워보면, 참새 같기도 하고 귀여운 아기 공룡 같기도 한 모습이지요?

러시아는 14개의 나라와 국경을 마주보고 있는데, 서쪽 끝에서 동쪽 끝까지 9,000㎞, 경도 172°의 동서 폭을 가집니다. 둥근 지구가 360°이고 그 반쪽이 180°이니까 고위도상에서 지구 둘레의 거의 절반을 도는 크기입니다.

이렇게 폭이 넓다보니 해 뜨는 시간이 장소마다 달라서 서쪽 땅과 동쪽 땅 사이에는 무려 11시간의 시차가 나타납니다. 그러니까 수도 모스크바가 있는 서쪽에서 상쾌한 아침을 맞을 때, 동쪽 시베리아 끝은 이미 해가 기울어 저녁 무렵이 되는 거지요. 모스크바 초등학생이 아침 등교할 시간에 시베리아 끝에 사는 초등학생은 저녁 식사할 시간이 되는 셈입니다. 하지만 러시아는 편의상 9개의 시간대로 나누고 있어 실제로는 서부와 동부 사이에 9시간의 차이가 납니다.

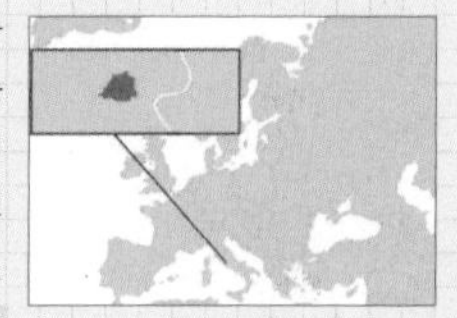

세계에서 가장 영토가 넓은 나라가 러시아라면, 가장 작은 나라는 어디일까요? 그것은 바로 로마에 있는 교황님이 다스리는 바티칸 시국이라는 나라입니다. 이 나라의 면적은 0.44㎢랍니다. 그럼, 가장 면적이 넓은 나라인 러시아와 가장 작은 나라인 바티칸 사이에는 몇 배나 차이가 날까요? 한번 계산해 봅시다.

러시아 영토 크기 : 17,098,242 ÷ 바티칸 영토 크기: 0.44
=38,859,640.9

대략 4000만 배의 차이가 나는군요!!

그런데 바티칸 시국(市國)은 비록 영토는 작지만, 전 세계 여러 나라에 미치는 정신적인 힘은 실로 막강합니다. 교황님 말씀 한마디는 세계 여러 나라에 계산할 수 없을 만큼 커다란 영향을 끼칩니다. 그러니 나라의 영토 크기가 꼭 힘의 크기를 나타내는 것만도 아니라는 것을 알 수 있습니다.

지도와 지리에 대한 흥미로운 사례와 알아두면 유익한 정보를 소개합니다. 활동이 끝난 후 천천히 읽어보세요.

차례

워밍업

하나
우리 국토의 위치와 영역

둘
국토의 지형 환경과 우리 생활

셋
국토의 기후 환경과 우리 생활

마무리 활동

워밍업
'나무보다 숲을 먼저 보라'는 말이 있습니다.
부분보다는 전체를 먼저 살펴야 한다는 뜻입니다.
지리 학습에서도 마찬가지입니다.
먼저 큰 틀이나 전체 모습을 파악해야 합니다.
왜냐하면 부분은 항상 전체 속에서 의미가 있기 때문입니다.

우리 국토의 모습

세계 여러 나라는 생김새가 서로 다릅니다. 통통한 나라도 있고, 길쭉한 나라도 있으며, 여러 섬으로 이루어진 나라도 있습니다. 국토의 모습은 거기에 살아가는 사람들에게 보이지 않게 큰 영향을 줍니다. 그렇다면 우리 국토는 어떤 모습일까요?

우리 국토의 모습 그려보기

우리 국토의 모습입니다. 국토의 바깥 테두리 점선을 따라 그리면서 국토의 모습을 익혀보고, 물음에 답하세요.

1 다음 글은 애국가의 일부입니다. 물음에 답하세요.

> ㉠**동해물**과 ㉡**백두산**이 마르고 닳도록
> 하느님이 보우하사 우리나라 만세
> 무궁화 ㉢**삼천리** 화려강산
> 대한 사람 대한으로 길이 보전하세!

잠깐만요

백두산(白頭山)은 북한과 중국 국경 사이에 있습니다. 높이는 약 2,744m로 우리나라에서 가장 높은 산입니다.

① 왼쪽 지도에 ㉠, ㉡의 위치를 대략적으로 표시해 보세요.

② ㉢은 우리 국토의 대략적인 남북 길이를 말합니다. 우리 국토의 가장 긴 길이는 어디부터 어디까지일지 지도에 두 점을 찍고 직선으로 이으세요.

우리 국토의 북쪽 끝 두만강에서 제주도 남쪽 끝까지 거리는 대략 삼천리 정도입니다.

우리 국토의 약지도 그리기

1 작은 3자, 작은 2자, 큰 3자를 이용하여 국토 모습을 그려보세요.

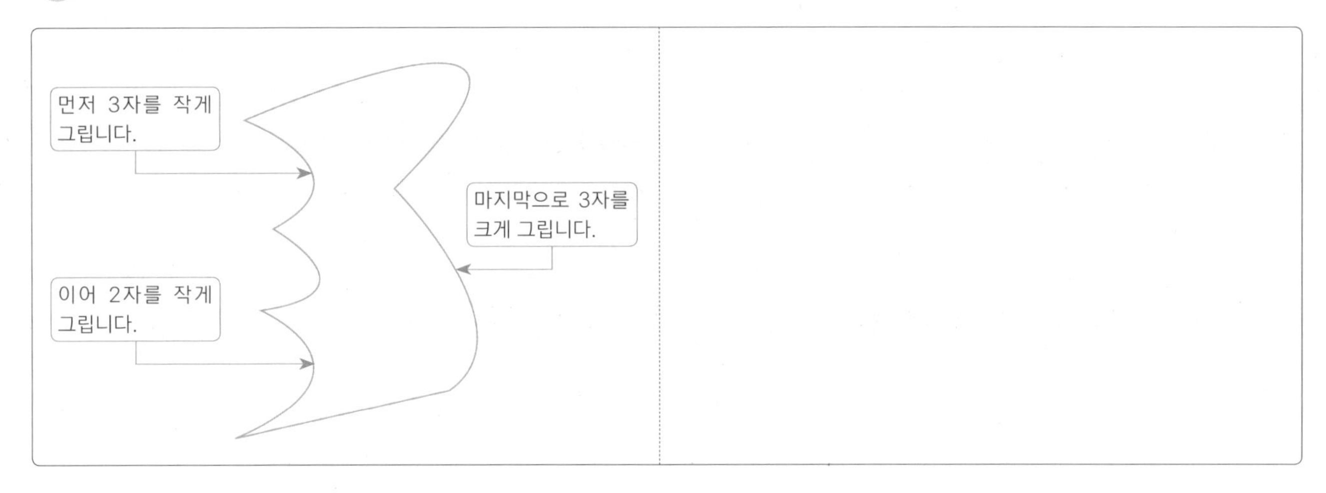

2 작은 3자, 큰 3자를 이용하여 국토 모습을 그려보세요.

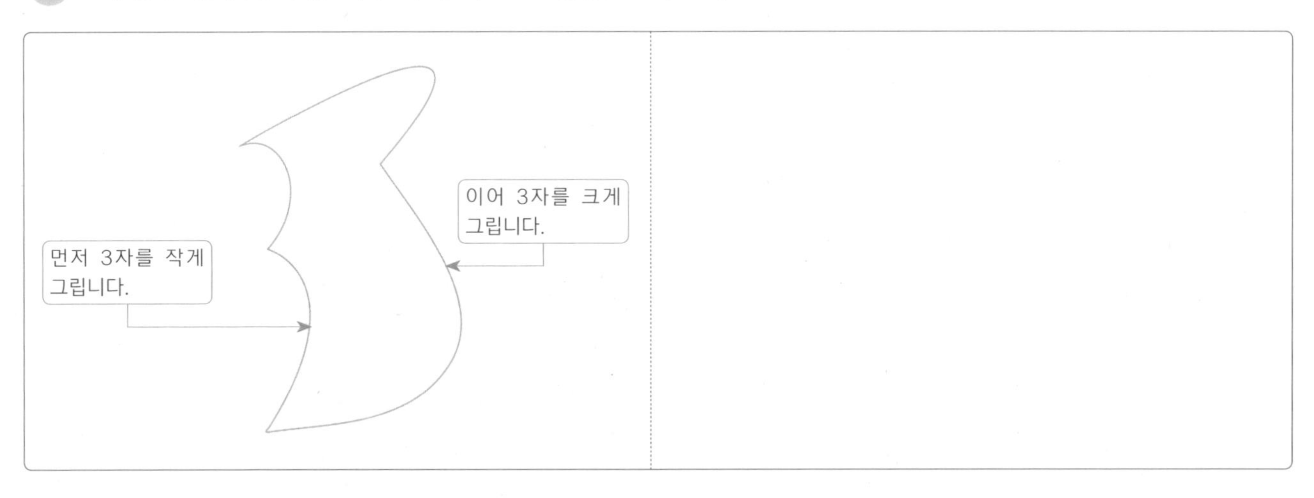

3 1자, 2자, 3자를 이용하여 국토 모습을 그려보세요.

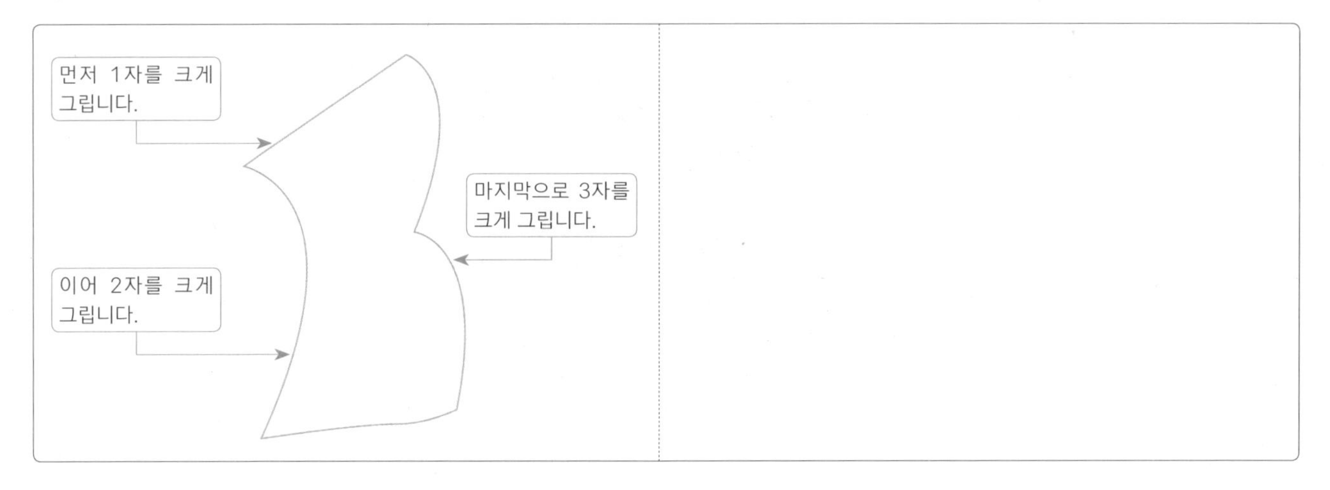

02 우리 국토의 위치

우리 국토는 지구에서 어디쯤에 자리 잡고 있을까요? 지구는 둥근 형태로 우주에 떠 있습니다.
그래서 지구는 바라보는 눈의 위치에 따라 여러 모습으로 그려질 수 있습니다.
여러 모습으로 그려진 지구에서 우리 국토의 위치를 확인해 보세요.

act 1 둥근 지구본에서 우리 국토의 위치 확인하기

다음은 지구본입니다. 우리 국토를 찾아 ○표 해보세요.

잠깐만요

우리 국토는 유라시아 대륙의 동쪽에 자리잡고 있고, 삼면이 바다로 열려 있습니다. 이웃 나라로는 러시아, 중국, 일본이 있습니다.

네모난 세계 지도에서 우리 국토의 위치 확인하기

다음은 네모나게 펼친 세계 지도입니다. 물음에 따라 ○표 하거나 □ 안에 알맞은 말을 쓰세요.

대륙(大陸)은 큰 땅이라는 뜻으로 지구에는 아시아, 유럽, 아프리카, 북아메리카, 남아메리카, 오세아니아 이렇게 여섯 개의 대륙이 있습니다. **대양(大洋)**은 큰 바다라는 뜻으로 지구에는 태평양, 대서양, 인도양, 북극해, 남극해 이렇게 다섯 개의 대양이 있습니다. 그리고 여섯 개의 대륙은 육대주(六大洲)라고 하고, 다섯 개의 대양은 오대양(五大洋)이라고 합니다.

1 우리 국토는 어디에 있는지 찾아서 ○표 하세요.

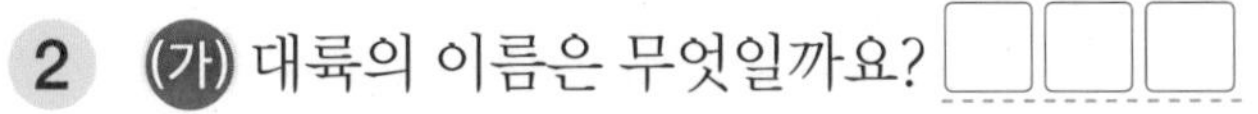

2 (가) 대륙의 이름은 무엇일까요? □□□

3 (나) 대양의 이름은 무엇일까요? □□□

4 (다) 선의 이름은 무엇일까요? □도

- **아시아** 아시아는 지구에서 가장 넓은 대륙입니다. 뿐만 아니라 인구도 가장 많은 대륙으로 전 세계 인구의 약 60%가 아시아 대륙에 살고 있습니다.
- **태평양** 태평양은 세계에서 가장 큰 대양으로 지구 표면의 1/3을 차지합니다. 이는 지구의 모든 대륙을 합친 면적보다 넓습니다.
- **적도** 지구의 북쪽 끝과 남쪽 끝에서 같은 거리에 있는 곳을 이은 선으로, 위도로는 0° 인 곳입니다. 적도 일대는 태양의 직사광선을 많이 받는 곳으로 날씨가 대체적으로 매우 덥고 습합니다.

다양한 세계 지도에서 우리 국토의 위치 찾아내기

다양한 모습으로 그려진 세계 지도입니다. 우리 국토는 어디에 있는지 찾아서 ○표 하세요.

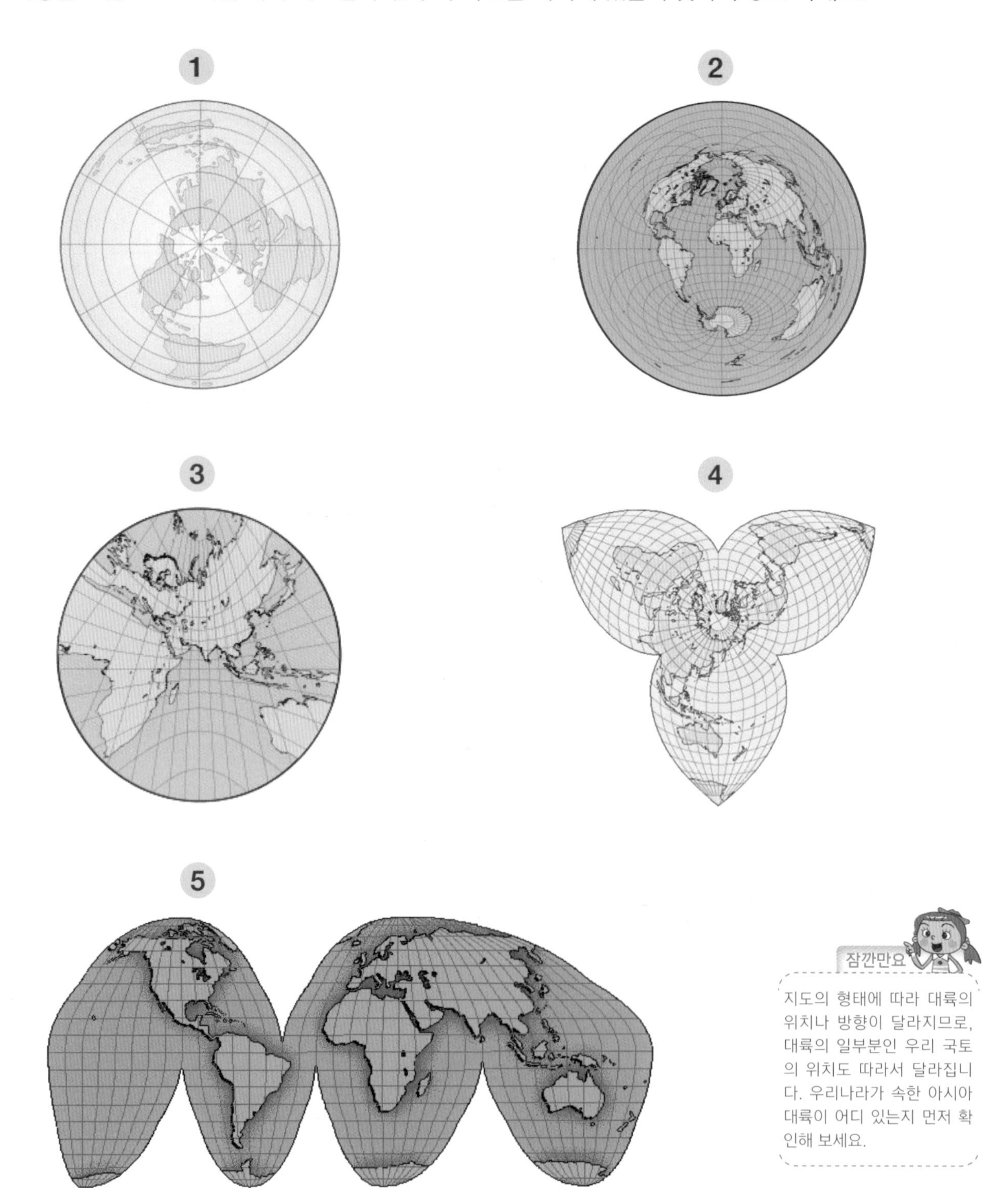

잠깐만요

지도의 형태에 따라 대륙의 위치나 방향이 달라지므로, 대륙의 일부분인 우리 국토의 위치도 따라서 달라집니다. 우리나라가 속한 아시아 대륙이 어디 있는지 먼저 확인해 보세요.

하나

우리 국토의 위치와 영역

이 단원에서는 우리 국토의 위치와 영역에 대하여 공부합니다.

지리에서는 '무엇이 어디에 있는지' 즉, 위치를 아주 중요하게 여깁니다.

모든 현상이나 장소는 땅 위에서 일정한 자리를 차지하고 있으면서

다른 현상이나 장소에 커다란 영향을 끼치기 때문입니다.

자, 그럼 우리 국토는 위치와 영역에서

어떤 특성을 지니고 있는지 살펴볼까요?

03 위치의 특징과 숨겨진 의미

위치란 어떤 것이 차지하고 있는 자리를 말합니다. 땅 위에 있는 모든 사물과 현상은 일정한 자리를 차지하고 있습니다. 그런데 이렇게 자리 잡고 있는 데에는 그럴만한 까닭과 이유가 숨겨져 있습니다. 정말인지 확인해 볼까요?

act 1 작은 곳에도 숨어 있는 위치의 비밀 알아보기

아래 그림을 보면 책상과 밥상 위에 여러 사물들이 놓여 있는데요. 이 사물들이 놓인 자리에도 그 까닭이 있습니다. 알맞은 말에 ○표 하세요.

(가)

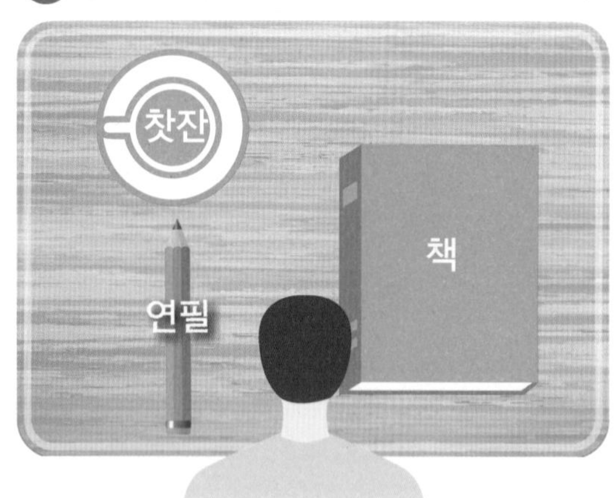

1 (가), (나)에 놓인 여러 사물들의 위치에는 어떤 차이점이 있을까요?

"(가)에서 연필과 찻잔은 (왼, 오른)쪽에, (나)에서 국과 숟가락은 (왼, 오른)쪽에 놓여 있습니다."

(나)

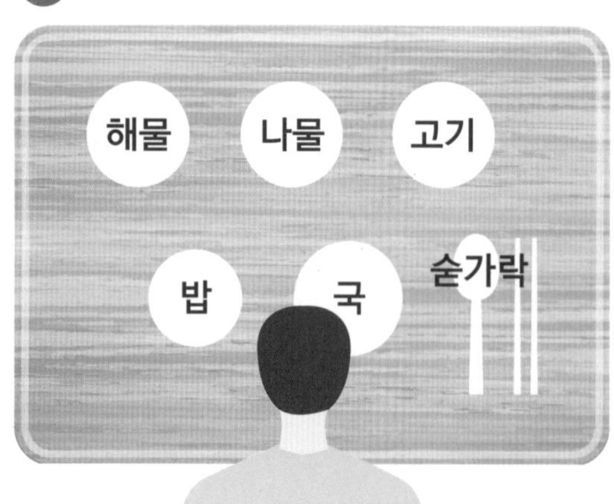

2 사물의 위치를 통해 (가), (나)의 주인은 각각 어느 손잡이일지 추리해 보세요.

"(가)는 (왼, 오른)손잡이, (나)는 (왼, 오른)손잡이일 것이다."

마을의 위치 비교하기

아래 사진은 한국과 이탈리아의 마을 위치를 보여주고 있습니다. 알맞은 말에 ○표 하세요.

◀ 한국의 마을 위치

◀ 이탈리아의 마을 위치

이탈리아는 유럽에 있는 나라로 나라의 모양이 길쭉한 장화처럼 생겼습니다. 이탈리아는 우리나라처럼 국토의 70% 이상이 산지로 되어 있습니다. 수도는 로마이고, 인구는 약 6천만 명이라고 합니다.

1 두 나라의 마을 위치에는 어떤 차이가 있나요?

"한국의 마을은 (산꼭대기, 산 아래)에, 이탈리아의 마을은 (산꼭대기, 산 아래)에 자리 잡고 있습니다."

2 두 마을의 위치에는 각각 어떤 유리한 점이 있을까요?

"한국의 마을은 (바람, 외적)을, 이탈리아의 마을은 (바람, 외적)을 막기 유리합니다."

부탄과 네팔의 위치 특성 파악하기

위치는 나라들 사이의 관계에도 많은 영향을 미칩니다. 아래 지도에서 각각 빨강과 파랑으로 표시된 나라는 네팔과 부탄이라는 나라입니다. 알맞은 말을 □ 안에 쓰거나 ○표 하세요.

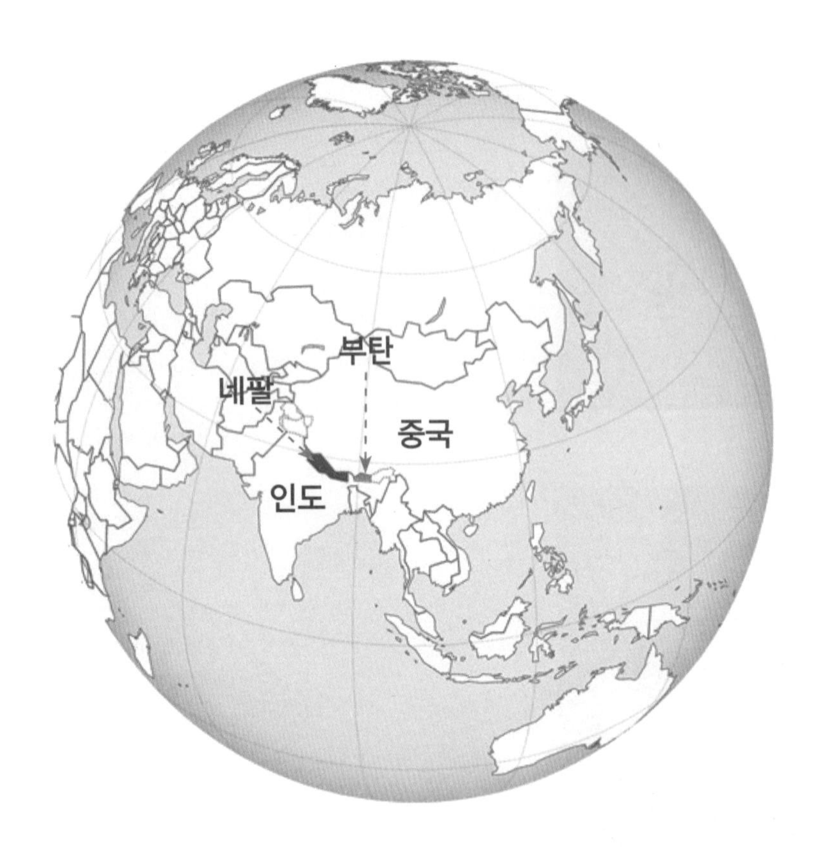

네팔과 **부탄**은 중국과 인도 사이에 위치한 작은 나라로 히말라야 산맥에 위치해 있는 산악 국가이자 최근까지 왕이 다스렸던 왕정 국가라는 공통점이 있습니다. 하지만 종교는 완전히 달라서 네팔은 힌두교, 부탄은 불교를 국교로 삼고 있습니다.

1 네팔과 부탄은 어느 나라 사이에 위치할까요?

"두 나라는 □□과 □□ 사이에 자리 잡고 있습니다."

2 만일 사이가 나쁜 두 친구가 있다면, 자리를 (붙여, 떼어) 놓는 것이 좋습니다.

3 힘센 두 나라가 국경을 마주하고 있으면, 작은 다툼이 큰 싸움으로 번질 수 있습니다. 이런 경우 두 나라 사이에 어떤 나라가 끼어 있다면, 어떤 장점이 있을까요?

"직접적인 충돌을 (강화, 완화)시킬 수 있습니다."

힘센 나라 가까이에 있는 작은 나라는 자칫 강대국의 지배를 받기 쉽습니다. 그러나 경쟁관계에 있는 강대국끼리는 서로 힘의 균형을 유지하고 싶어 합니다. 그래서 강대국 사이에 작은 나라가 있을 경우 강대국끼리 서로 합의하여 작은 나라의 영토와 정치적 독립을 지켜주기도 합니다. 이렇게 강대국들 사이에 위치하여 긴장관계를 완화시켜 주는 역할을 하는 작은 나라를 **완충국**이라 합니다. 강대국인 중국과 인도 사이에 위치한 네팔, 부탄이 그 예랍니다.

완화(緩和)는 약하고 느슨하게 한다는 뜻입니다.

act 4 국토 지도 복사하기

국토의 모습을 요령에 따라 복사해 보세요.

| 요령 |

① (가)의 가로, 세로 마디를 서로 이어서 원본 지도에 사각형 망을 씌웁니다.
② (나)도 (가)와 같은 간격의 사각형 망을 만듭니다.
③ (나)에서 보여주고 있는 것처럼 칸마다 국토의 테두리 선을 대략 비슷하게 옮겨 그립니다.

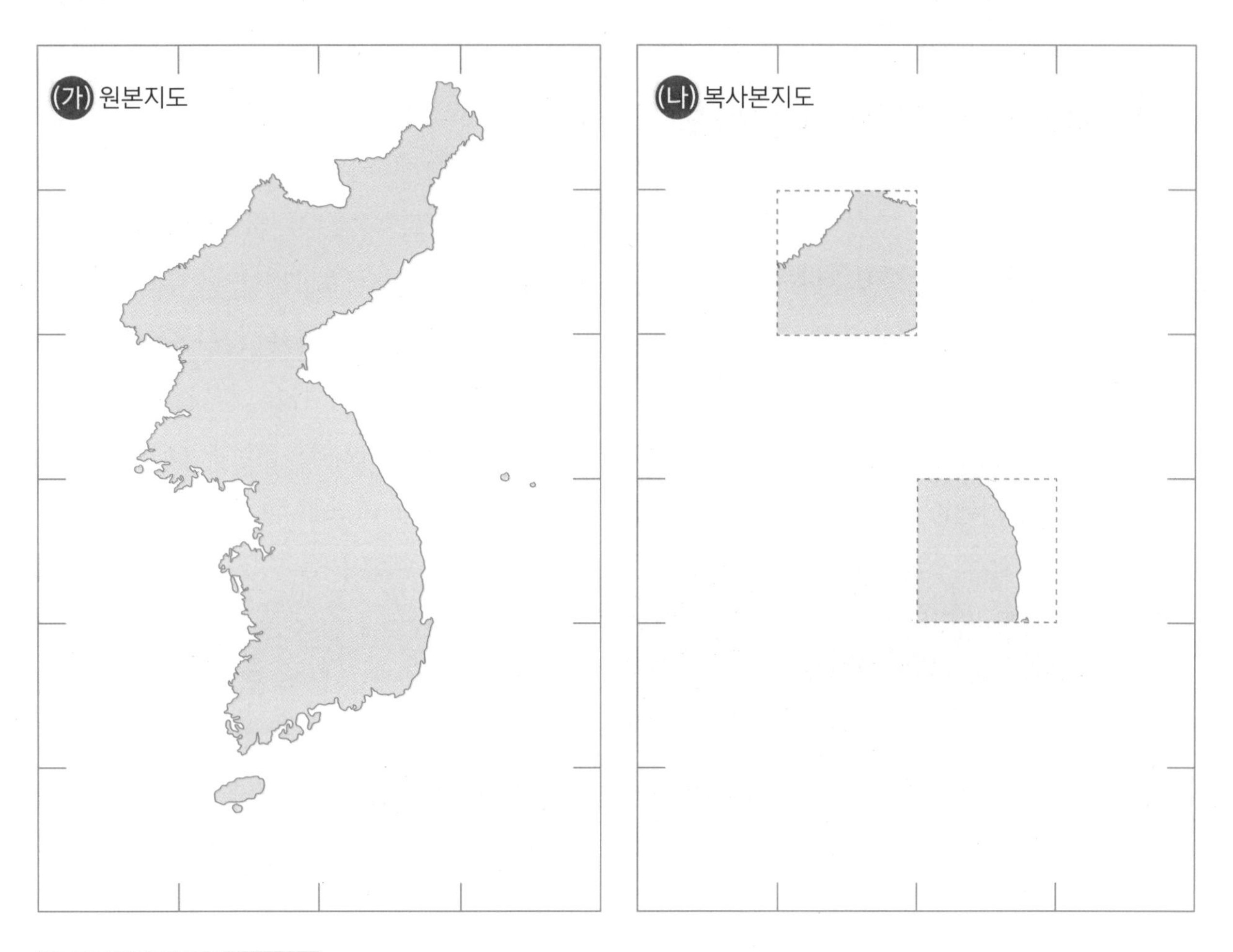

(다) 절반($\frac{1}{2}$) 축소본 지도

| 요령 |

① (가)의 가로, 세로 마디 간격을 절반씩 줄인 크기로 (다)에도 사각형 망을 씌웁니다.
② (나)에서와 마찬가지로 (다)의 칸마다 국토의 테두리 선을 대략 비슷하게 옮겨 그립니다.

04 영향력과 관계를 나타내는 위치

위치는 영향력과 관계를 보여줍니다. 앞 자리나 가운데 자리를 누가 차지하는지, 무엇이 서로 가까이 있는지를 살펴보면 잘 알 수 있습니다. 이처럼 땅 위에 놓여 있는 모든 사물은 서로 깊은 관계를 맺고 있습니다. 실제로 그런지 확인해 볼까요?

act 1 자리와 힘의 관계 알아보기

다음 그림을 보고 물음에 답하세요.

1 누가 주인공일지 포스터에 직접 ○표 하세요. 그렇게 생각하는 까닭은 무엇인가요?

"제일 크게 그려져 있으면서 여러 동물 중 (맨 앞, 중간, 맨 뒤)에 서 있기 때문입니다."

2 주인공은 누구와 가장 사이가 나쁠지 포스터에 직접 ×표 하세요. 생김새 말고 무엇으로 그렇게 추리할 수 있을까요?

"여러 동물 중 (맨 앞, 중간, 맨 뒤)에 서 있기 때문입니다."

3 왕은 어디에 앉아 있나요?

(가운데, 구석) 자리

4 신하들의 자리는 어떻게 정해질까요?

"왕과 가까운 자리일수록 벼슬이 (높, 낮)은 신하가 앉습니다."

자리와 서로의 관계 알아보기

모둠 활동을 하기 위해 친구들이 모였습니다. 물음에 답하세요.

내 옆의 (A), (B) 자리에 누가 앉기를 바라는지 쓰고, 이유도 써 보세요.

1 내 옆에 앉기를 바라는 친구 이름
□□□, □□□

2 이유: 나랑 ______________ (하)기 때문에

act 3 산줄기의 위치가 미치는 영향 파악하기

아래 지도는 우리나라의 높은 산들이 자리 잡고 있는 산줄기를 나타냅니다. 물음에 답하세요.

1 산줄기는 대략 우리 땅에서 어느 쪽에 자리 잡고 있나요? (서, 동)쪽

2 그렇다면 큰 강들은 어떤 바다로 흘러갈까요? (서, 동)해

3 지금까지 알아낸 관계를 정리해 볼까요?

큰 산줄기는 □쪽에 위치한다.
↓
큰 강은 주로 □쪽으로 흐른다.
↓
넓은 평야는 □쪽 지방이 발달하기 유리하다.
↓
사람들의 주요 생활 무대는 서부 지방이다.

따라서 땅 위 어떤 사물의 위치는 다른 것과 밀접한 관계를 맺으며 큰 영향을 끼칩니다.

평야는 낮고 평평한 땅을 말합니다. 우리나라의 경우 서부와 남부 지방에 넓게 형성되어 있습니다.

황해와 서해는 둘 다 중국과 우리 국토 사이에 있는 같은 바다를 부르는 이름입니다. 이 바다의 국제적인 공식 이름은 '황해'입니다. 그렇지만 우리 국토를 공부하는 이 책에서는 국토의 지리를 더 잘 이해하기 위해 '서해'로 통일하여 쓰겠습니다.

영토의 위치가 미치는 영향 살펴보기

다음 지도는 동아시아 여러 나라의 위치를 보여줍니다. 물음에 알맞은 말을 □ 안에 쓰거나 ○표 하세요.

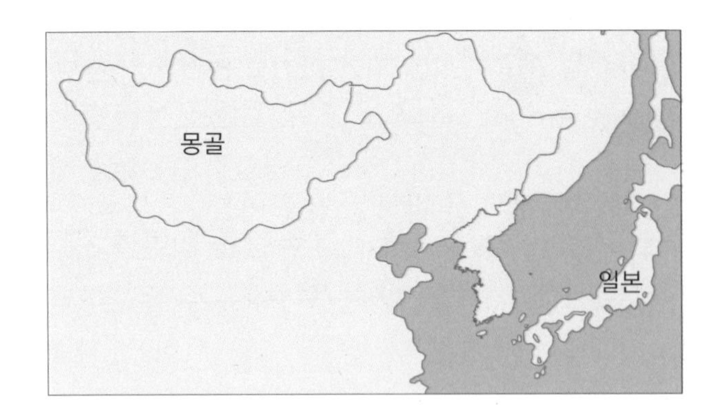

1 몽골과 일본의 위치를 비교해 보세요.
"몽골은 (내륙, 해양)에,
일본은 (내륙, 해양)에 위치합니다."

2 해외 무역 활동에 더 유리한 나라는 어느 나라일까요?

3 초원 지대에 있는 몽골은 (말, 배), 섬나라인 일본은 (말, 배)(와)과 관련된 언어가 발달할 것 같습니다.

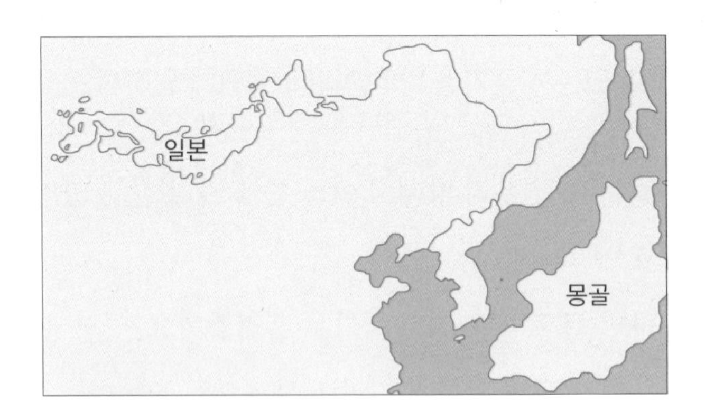

4 만일 일본과 몽골 두 나라의 위치가 옆 지도처럼 바뀌었다면, 해산물 요리는 어느 나라에서 더 발달했을까요?

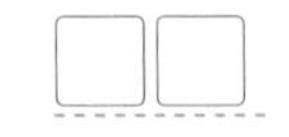

내륙(內陸)은 해안에서 멀리 떨어진 육지 안쪽의 땅을 말합니다.

몽골은 아시아의 내륙 국가로 북으로는 러시아, 남으로는 중국과 접해 있습니다. 세계에서 두 번째로 큰 내륙국이나 인구는 약 300만 명으로 적은 편입니다. 수도는 울란바토르이며 사막과 초원이 국토의 대부분을 이루고 있습니다

몽골 국기 ▶

05 수리적 위치의 이해를 위한 위도와 경도

세계 여러 나라의 위치는 위도와 경도를 이용하여 나타낼 수 있습니다.
지구에 가로선과 세로선을 긋고, 그 선에 값을 매겨 위치를 나타내는 방식이지요.
그럼, 위도와 경도의 기본 개념과 원리에 대해 알아볼까요?

act 1 위선과 경선의 모습과 기준 알기

물음에 알맞은 말을 찾아 ○표 하거나 □ 안에 쓰세요.

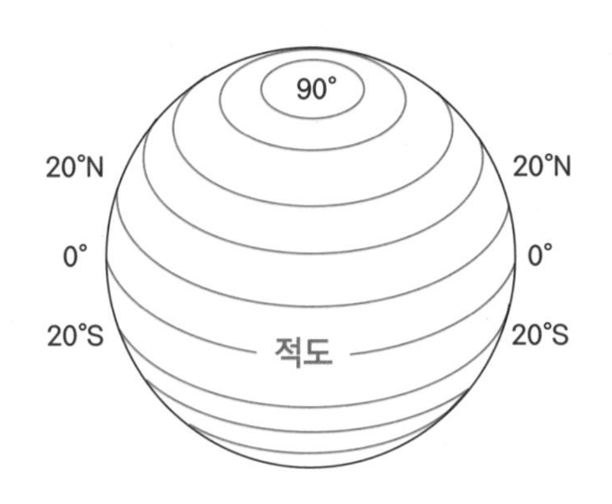

1 위선의 모습입니다.

① 지구에 그은 (가로, 세로) 방향의 선

② 위선은 (적도, 본초자오선)(으)로부터 시작됩니다.

③ 위선마다 붙여진 숫자 값을 (위도, 경도)라고 부릅니다. 최댓값은 90°입니다.

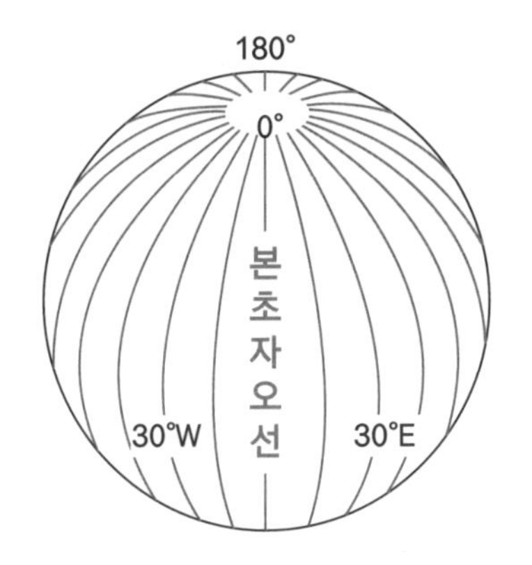

2 경선의 모습입니다

① 지구에 그은 (가로, 세로) 방향의 선

② 경선은 (적도, 본초자오선)(으)로부터 시작됩니다.

③ 경선마다 붙여진 숫자 값을 (위도, 경도)라고 부릅니다. 최댓값은 180°입니다.

옛날 우리 동양에서는 옆 그림처럼 12지로 시간과 방향을 나타냈습니다. 이때 '자'는 북쪽, '오'는 남쪽을 의미합니다. 그러니 자오선이란 남북을 잇는 세로선을 뜻합니다. '본초'란 맨 처음을 말하지요. 따라서 **'본초자오선'**이란 맨 처음 시작하는 남북선, 곧 최초 경선이란 뜻이랍니다. **본초자오선**은 영국의 그리니치 천문대를 지나는 선으로 정하고 있습니다.

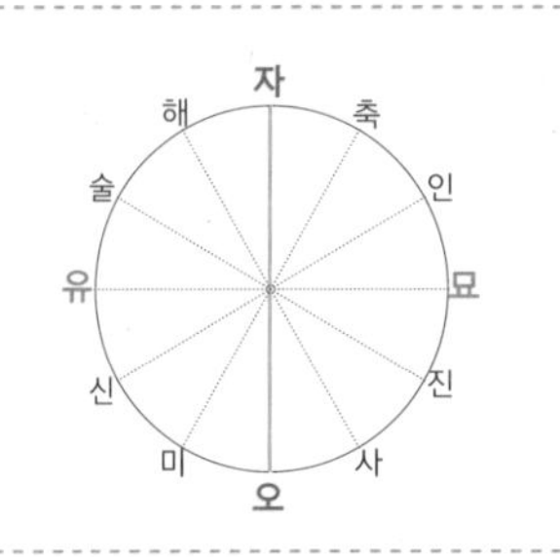

act 2 위도와 경도의 규칙성 알아보기

위도와 경도는 어떤 규칙성을 지니고 있을까요? 그림을 보고, 알맞은 말을 찾아 ○표 하거나 □ 안에 쓰세요.

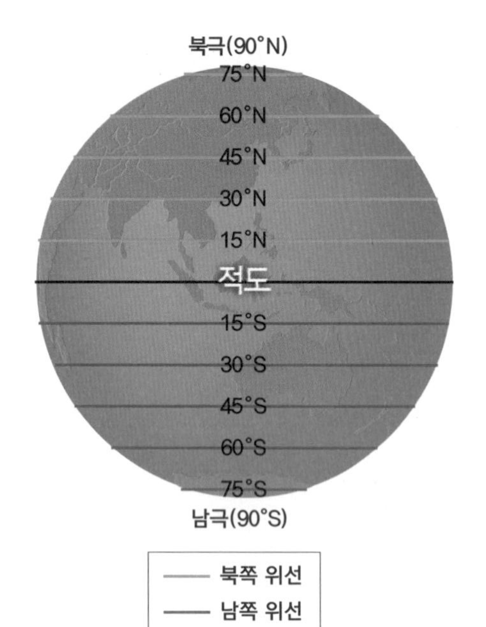

1 위도는 적도를 기준으로 북극과 남극 방향으로 갈수록 점점 (커, 작아)집니다.

2 °N는 적도를 중심으로 북쪽의 위도(북위), °S는 남쪽의 위도(□□)를 나타냅니다. 예를 들어 '15°N'은 '북위 15도'라고 읽습니다.

3 적도 북쪽의 반쪽 지구를 '북반구'라고 합니다. 그러면 적도 남쪽의 반쪽 지구는 무엇이라고 말할까요? □□□

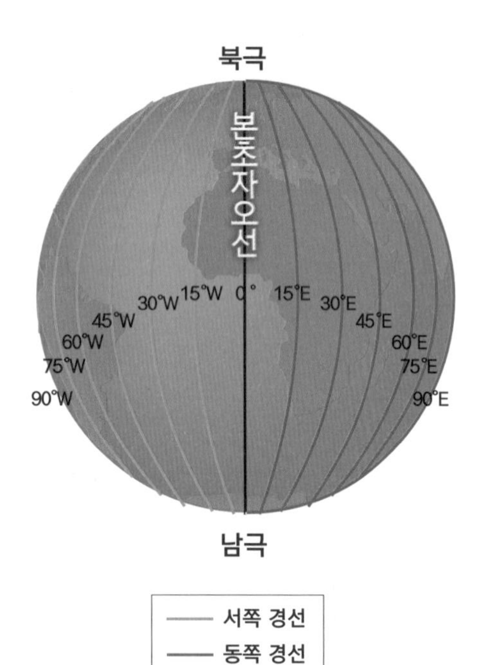

4 경도는 본초자오선을 중심으로 서쪽과 동쪽 방향으로 갈수록 점점 (커, 작아)집니다.

5 °W는 본초자오선을 중심으로 서쪽의 경도(서경), °E는 동쪽의 경도(□□)를 나타냅니다. 예를 들어 '15°W'는 '서경 15도'라고 읽습니다.

6 본초자오선 서쪽의 반쪽 지구를 '서반구'라고 합니다. 그러면 본초자오선 동쪽의 반쪽 지구는 무엇이라고 말할까요? □□□

위도와 경도의 원리 정리하기

다음 그림을 보고, 물음에 알맞은 말을 찾아 ○표 하거나 □ 안에 쓰세요.

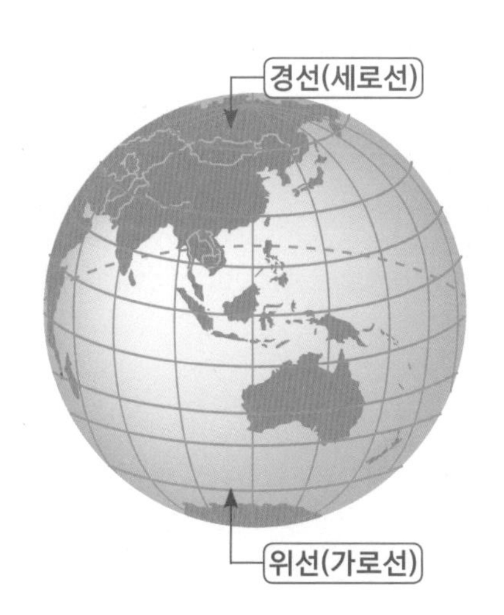

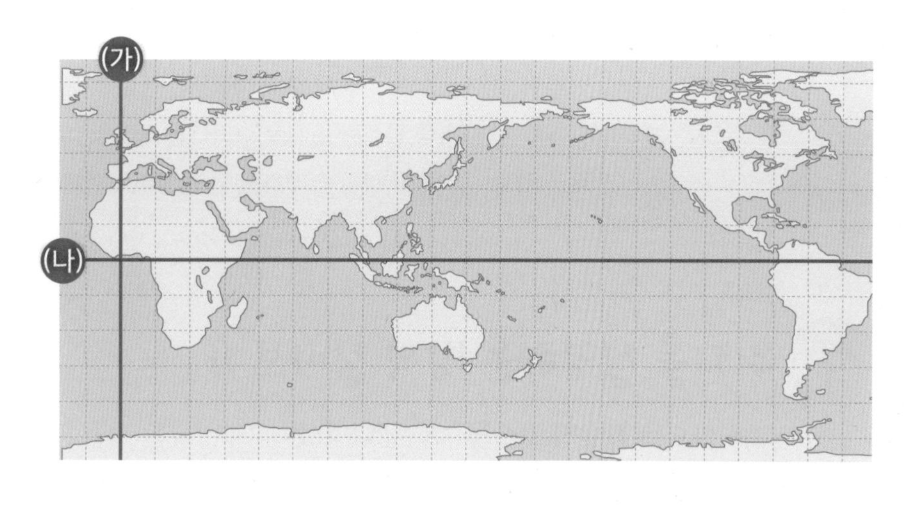

위의 왼쪽 그림처럼 위선과 경선이 그어진 지구를 펼치면 오른쪽 그림과 같은 세계 지도가 됩니다.

1 지도에서 (가)선은 (위선, 경선)의 기준이 됩니다. 이것을 □□□□선이라 하는데, 그 값은 □°입니다. 경선마다 붙여진 값을 (위도, 경도)라고 합니다.

2 지도에서 (나)선은 (위선, 경선)의 기준이 됩니다. 이것을 □도라고 하는데, 그 값은 □°입니다. 위선마다 붙여진 값을 (위도, 경도)라고 합니다.

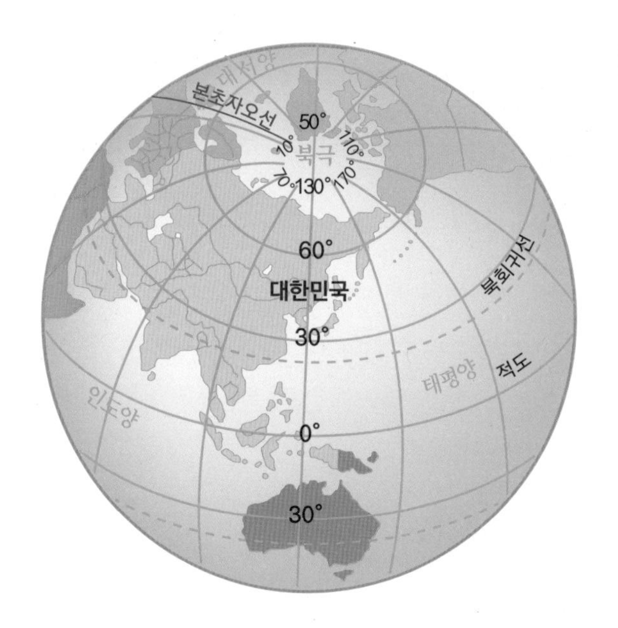

3 다음 그림을 잘 관찰해 봅시다. 우리나라는 어느 반구에 위치할까요?

① 적도를 기준으로

(북반구, 남반구)

② 본초자오선을 기준으로

(서반구, 동반구)

06 우리 국토의 수리적 위치

국토의 위치는 수리적 위치, 지리적 위치, 관계적 위치의 세 가지로 나타냅니다.
그 중에서 수리적 위치란 숫자로 나타내는 위치로, 위도와 경도로 표현되는 위치입니다.
우리 국토는 수리적 위치 면에서 어떤 특징이 있는지 알아볼까요?

act 1 위치를 설명하는 방식 알아보기

다음 그림은 교실의 모습을 나타냅니다. 물음에 알맞은 말을 □ 안에 쓰거나 선으로 이으세요.

1 '아담'이는 □분단□째 줄에 앉아 있습니다. (㉠)

2 교실 뒷쪽의 화분에 가장 가까이(㉡) 앉아 있는 사람은 누구인가요? □□

3 친구 사이인 '가람'과 '아람'이 사이에(㉢) 앉아 있는 사람은 누구일까요? □□

4 **1** ~ **3** 의 ㉠ ~ ㉢은 위치를 어떻게 설명하고 있는지 선으로 이어보세요.

㉠ •	• '관계'로 설명하고 있어요.
㉡ •	• '숫자'로 설명하고 있어요.
㉢ •	• '지형지물'로 설명하고 있어요.

5 서로 관계 깊은 것끼리 이어보세요.

수리적 위치 •	• 숫자로 나타내는 위치
지리적 위치 •	• 관계로 나타내는 위치
관계적 위치 •	• 지형지물로 나타내는 위치

act 2 위도를 세 무리로 나누기

위도는 다음 그림처럼 그 범위에 따라 세 무리로 나눌 수 있습니다. 물음에 알맞은 말을 □ 안에 쓰거나 표시하세요.

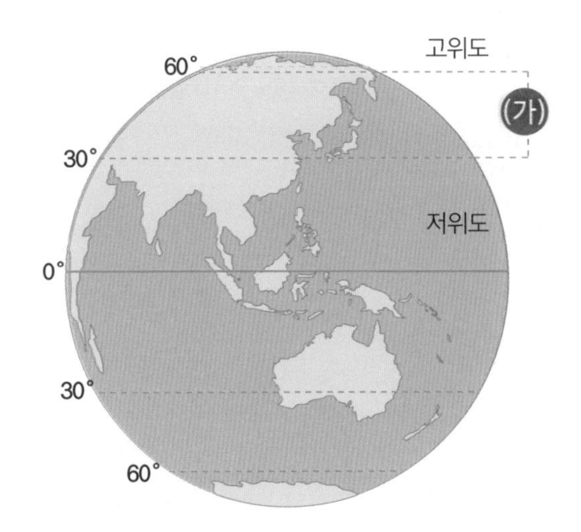

1 왼쪽 그림의 파란 점선을 **진하게** 표시하세요.

2 한자 '中'을 우리말로 적어보세요. □

3 (가)의 범위를 무엇이라고 할까요? □□□

4 (가)의 위도 범위는 얼마인가요?

□□°~□□°

잠깐만요

적도를 기준으로 북쪽 또는 남쪽으로 30도까지는 **저위도 지역**이라고 하고, 60도에서 90도 사이는 **고위도 지역**이라고 합니다.

act 3 우리 국토의 수리적 위치 알아보기 1

다음 세계 지도를 보고 우리 국토의 수리적 위치를 알아보세요.

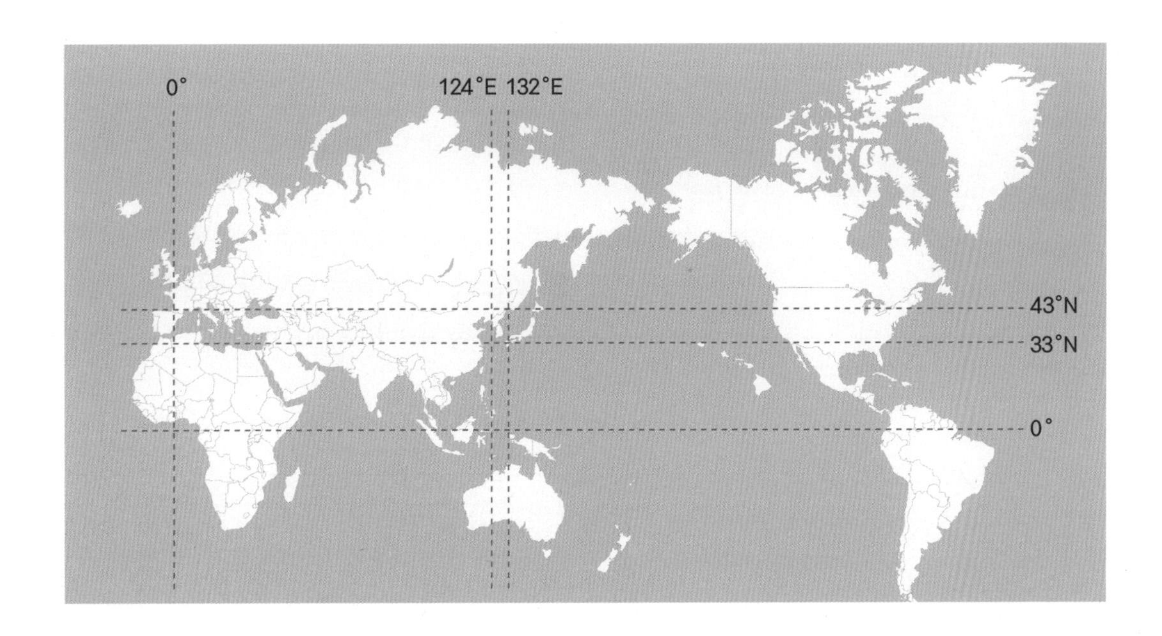

1 우리 국토를 찾아 빨간색으로 칠하세요.

2 북위 33°~43° 사이를 노란색으로 칠하세요.

3 동경 124°~132° 사이를 파란색으로 칠하세요.

4 우리 국토는 적도를 기준으로는 (북, 남)반구, 본초자오선을 기준으로 (서, 동)반구에 자리 잡고 있습니다.

우리 국토의 수리적 위치 알아보기 2

아래 그림은 우리 국토를 지나는 위선과 경선을 나타냅니다. 물음에 알맞은 말을 □ 안에 쓰거나 표시하세요.

1 우리 국토의 맨 끝에 있는 지명을 쓰세요.

① 북쪽 : □□　② 서쪽 : □□□

③ 동쪽 : □□　④ 남쪽 : □□□

2 우리 국토가 자리 잡고 있는 위도와 경도 범위를 쓰세요.

① 위도 : 북위 □□° ~ □□°

② 경도 : 동경 □□□° ~ □□□°

3 우리 국토의 길이와 폭을 계산해보세요.

① 위도 폭 : 43° − □□° = □□°

② 경도 폭 : □□□° − 124° = □°

4 위도 1° 사이의 실제 거리는 약 111km입니다. 그렇다면 우리 국토의 남북 사이의 총 거리는 얼마일까요?

□□° × 111km = □□□□ km

5 4km는 약 10리 입니다. 우리 국토의 남북 사이 총거리를 1,200km로 잡으면 대략 몇 리일까요?

4km	10리	8km	20리
40km	□□□리	80km	200리
400km	□□□□리	800km	2,000리
1,200km		□□□□리	

6 우리 국토 한 가운데를 지나는 (가)선의 위도는 얼마일지 추리해보세요.

□□°N

07 수리적 위치가 장소에 미치는 영향

수리적 위치는 자연환경과 인간 생활에 큰 영향을 끼칩니다.
특히, 위도는 기후, 경도는 시간과 밀접한 관계가 있습니다.
실제로 어떻게 영향을 미치는지 살펴볼까요?

act 1 위도와 태양 에너지 양 사이의 관계 알기

다음 그림은 태양 에너지가 지구 표면에 닿는 모습을 보여줍니다. 물음에 알맞은 말을 □ 안에 쓰거나 ○표 하세요.

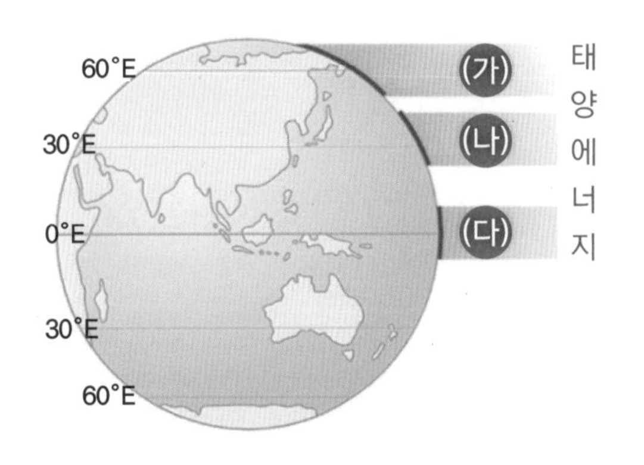

1 태양 에너지가 좁은 범위에 가장 많이 집중되는 곳은 □일대이고, 넓은 범위에 퍼져 닿는 곳은 □일대입니다.

2 이처럼 같은 양의 태양 에너지가 지표면에 닿을 때, 그 범위에 차이가 생기는 이유는 지구가 (네모, 둥글)(이)기 때문입니다.

3 (나)일대를 (저, 중, 고) 위도 지역이라고 합니다.

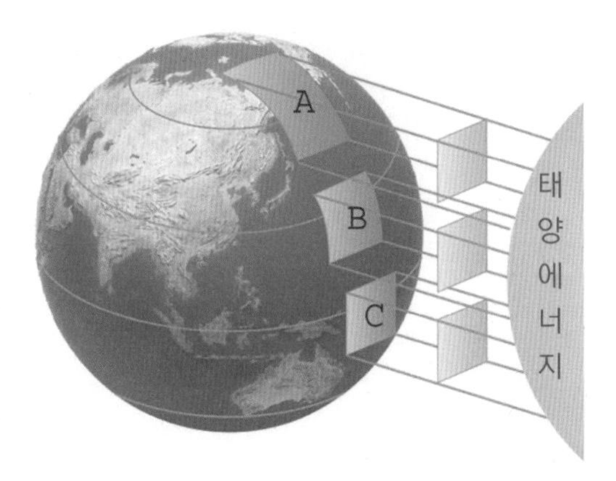

4 C를 지나 지구를 둘러싸는 둥근 선의 이름은 무엇일까요? □도

5 A~C 중에서 태양 에너지를 가장 세게 직접 받는 곳은 □일대로서 이곳은 항상 열이 넘쳐 (열대, 한대) 기후가 나타납니다. 그렇지만 태양 에너지를 비스듬히 약하게 받는 □일대에서는 (열대, 한대) 기후가 나타납니다.

6 우리 국토는 (저, 중, 고)위도에 위치합니다. 그래서 열대와 한대의 중간인 (열대, 온대, 한대) 기후가 나타납니다.

act 2 장소마다 밤낮이 다른 이유 알아보기

다음 그림을 보고, 물음에 알맞은 말에 ○표 하세요.

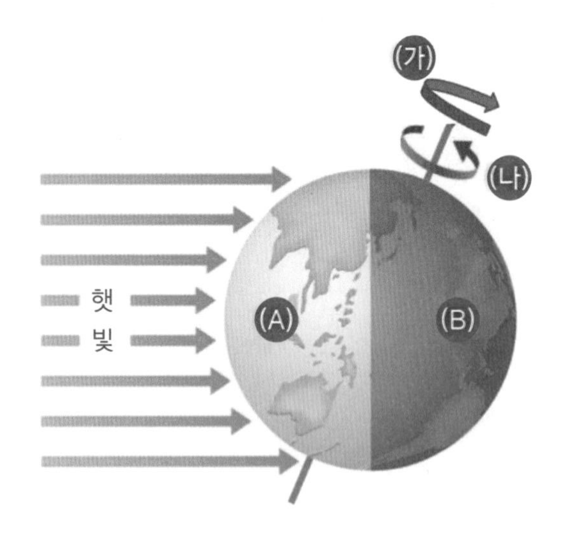

1 (A), (B) 중에서 현재 낮인 곳은 (A, B)입니다. 우리나라는 현재 (낮, 밤)입니다.

2 하루 중 밤과 낮이 생기는 것은 지구가 (자전, 공전)을 하기 때문입니다.

3 해는 동쪽에서 떠서 서쪽으로 지기 때문에 지구의 자전 방향은 (가, 나)와 같습니다.

잠깐만요

자전은 천체가 스스로 회전 운동을 하는 것, **공전**은 다른 천체 주위를 회전하는 것을 말합니다. 지구는 24시간 동안 서쪽에서 동쪽으로 한 바퀴 자전하며, 1년에 한 바퀴씩 태양 주위를 서쪽에서 동쪽으로 **공전**합니다. 낮과 밤이 생기는 건 자전 때문이며, 계절의 변화는 **공전**에 의해 발생합니다.

act 3 해 뜨는 장소의 순서 알아맞히기

다음 지구본을 보고, 물음에 알맞은 말에 ○표 하거나 □ 안에 쓰세요.

(가)

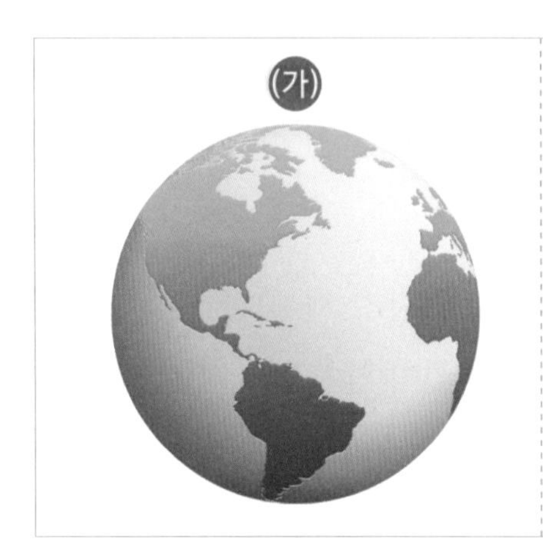

(나)

(다)

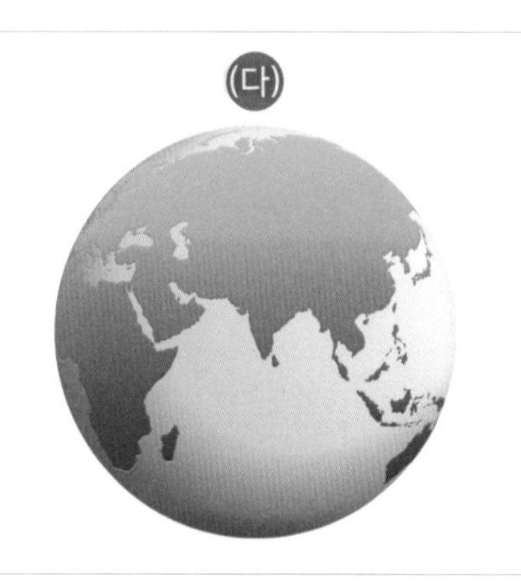

1 둥근 지구는 자전을 하기 때문에 장소마다 해 뜨는 시간과 해 지는 시간이 모두 (같습, 다릅)니다.

2 우리나라에서 아침 해를 가장 먼저 본다고 할 때, 이어서 아침 해를 볼 수 있는 장소들을 순서대로 추리해 쓰세요. □ → □ → □

경도와 시간 차이 사이의 관계 알아보기

다음 지도는 우리나라와 중국에서 시간을 표시할 때 기준으로 삼는 경선을 나타냅니다. 물음에 알맞은 말에 ○표 하거나 □ 안에 쓰세요.

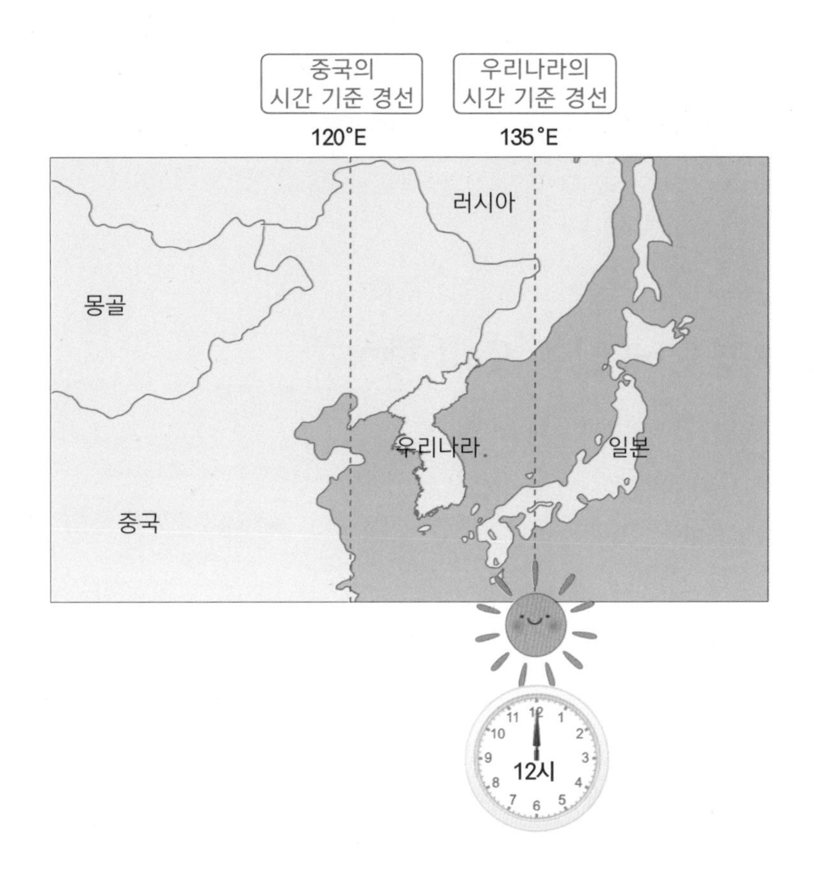

시간은 어떻게 정할까요? 둥근 지구에서 처음과 끝이란 없습니다. 그래서 사람들은 영국 런던을 지나는 **본초자오선(0°)**이라는 기준선을 만들고, 이 선 위에 태양이 정확히 떠 있을 때를 12:00으로 삼기로 했습니다. 이 본초자오선을 기준으로 동쪽으로 갈수록 해가 먼저 뜨는 것, 곧 시간이 앞서가는 것으로 약속한 겁니다. 따라서 우리나라보다 서쪽에 위치한 나라들은 우리나라보다 시간이 늦고, 동쪽에 있는 나라들은 우리나라보다 시간이 이르게 되는 것이랍니다. 그래서 우리나라는 영국보다 9시간 이른 시간대를 가집니다.

1 우리나라에서는 동경 135도(135°E) 선을 시간의 기준으로 삼고 있습니다. 이 선 위에 태양이 정확히 떠 있을 때를 (한낮 12:00, 한밤중 12:00)으로 잡아 시간을 계산합니다.

2 우리나라와 중국 사이에는 시간 차이가 얼마나 날까요?

① 지구는 둥근 원형이므로 (90°, 180°, 360°)입니다.

② 지구는 (12, 24) 시간에 한 바퀴 돕니다.

③ 지구는 한 시간에 □□° 회전합니다. 왜냐하면 360° ÷ 24시간 = □□° 이기 때문입니다.
이것은 다른 말로 경도 15° 마다 □ 시간의 시간 차이가 난다는 뜻입니다.

④ 따라서 중국과 우리나라 사이에는 □ 시간의 차이가 납니다.
왜냐하면, 135° − 120° = □□° 의 차이가 나기 때문입니다.

⑤ 만약 우리나라 현재 시간이 09:00이라면, 중국은 0□:00입니다.

08 우리나라와 수리적 위치가 비슷한 나라

지구에는 우리나라와 수리적 위치가 비슷한 나라들이 있습니다.
이 나라들은 기후나 시간이 서로 비슷할 수 있습니다.
우리나라와 비슷한 위도와 경도에 있는 나라들을 찾아볼까요?

act 1 서울과 비슷한 위도와 경도에 있는 도시 찾기

다음 지도를 보고, 물음에 답하거나 알맞은 말을 □ 안에 쓰세요.

1 지도의 각 위선과 경선 마디를 서로 이으세요.

2 (가) 경선은 몇 도일지 추리해 보세요. □□□° E

3 북위 30~45°, 동경 120~135°가 서로 만나는 네모 칸을 찾아 노란색으로 칠하세요.

4 〈보기〉를 참고하여 서울과 비슷한 위도에 있는 도시의 이름을 서쪽에서부터 써보세요.

보기 | 턴, 스, 코, 테

5 우리나라와 해 뜨는 시간이 가장 비슷한 도시는 어디일까요? □□

우리나라와 비슷한 위도에 있는 나라 찾아보기

다음은 중앙아시아 지도입니다. 물음에 알맞은 말을 □ 안에 쓰거나 표시하세요.

1 영토 전체가 우리나라와 비슷한 위도에 자리 잡고 있는 나라를 찾아 쓰세요.

그□□□, 아□□□□□,

투□□□□□□,

키□□□□□,

타□□□□

2 영토의 일부가 우리나라와 비슷한 위도에 걸쳐 있는 나라를 찾아 이름에 ◌표 하세요.

우리나라와 비슷한 경도에 있는 나라 찾아보기

다음 지구본을 보고, 물음에 알맞은 말을 □ 안에 쓰거나 ◌표 하세요.

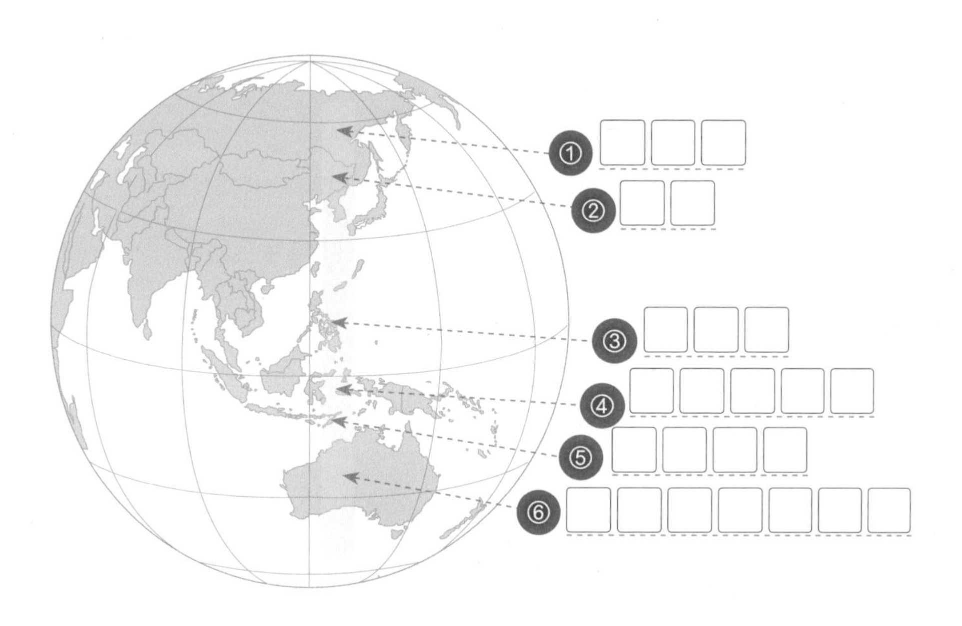

보기	
	오스트레일리아 필리핀 중국 러시아 인도네시아 동티모르

1 우리나라를 찾아 ◌표 하세요.

2 ①~⑥은 영토의 일부가 우리나라와 비슷한 경도에 위치한 나라입니다. <보기>에서 나라 이름을 찾아 쓰세요.

09 우리 국토의 지리적 위치와 관계적 위치

지리적 위치란 지형지물로 나타내는 위치입니다. 즉 대륙, 해양, 반도 등 자연이 만들어 놓은 땅의 생김새나 특성으로 표현되는 위치를 말합니다. 우리 국토는 지리적 위치 면에서 어떤 특징이 있을까요? 또한 관계적 위치 면에서는 어떤 특징이 있는지 살펴보세요.

우리 국토 주변의 대륙과 해양 모습 알아보기

다음 지도를 보고, 물음에 알맞은 말을 □ 안에 쓰거나 ○표 하세요.

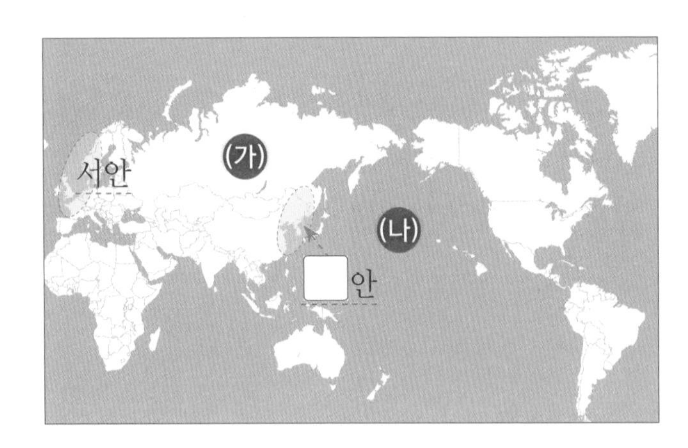

1 우리나라를 찾아 지도에 직접 ○표 하세요

2 (가) 대륙과 (나) 해양의 이름은 각각 무엇일까요?

(가) : 유럽+아시아 = □라□□

(나) : □□□

잠깐만요

유럽과 아시아 대륙을 하나의 대륙으로 부를 때 **유라시아**라고 합니다.

3 (가) 대륙 서쪽의 바다와 맞닿아 있는 부분을 서쪽 연안, 곧 '서안'이라고 한다면 동쪽 부분은 무엇이라고 할까요? □안

반도의 생김새 이해하기

반도는 바다로 길쭉하게 튀어나온 땅을 말합니다. 두 지도에서 반도를 각각 3군데씩만 찾아 ○표 하세요.

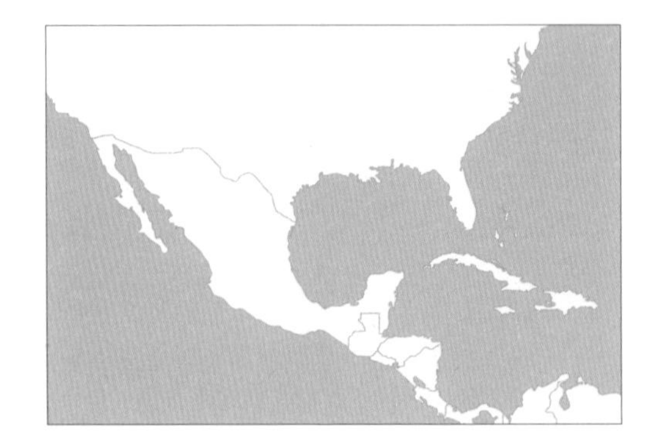

act 3 우리 국토의 지리적 위치 특성 파악하기

다음 지구본을 보고, 물음에 알맞은 말을 □ 안에 쓰거나 ○표 하세요.

1 우리나라를 찾아 ○표 하세요.

2 우리나라는 '유□□□대륙의 □안에 위치한 반□국가'입니다.

3 몽골은 (육지, 바다)를, 일본은 (육지, 바다)를 이용하기에 편리합니다.

4 우리나라의 지리적 위치는 대□과 □양을 모두 잘 이용할 수 있는 장점이 있습니다.

act 4 우리 국토의 관계적 위치의 변화 살펴보기

다음 그림은 우리나라의 시대별 관계적 위치를 보여줍니다. 물음에 알맞은 말을 □ 안에 쓰거나 ○표 하세요.

(가)	(나)	(다)

〈대륙과 해양 세력의 다툼 위치〉	〈이념 대결과 갈등 위치〉	〈동아시아 중심적 위치〉

1 우리 국토의 관계적 위치가 시대별로 어떻게 변했을지 추리해서 순서대로 쓰세요.

□ → □ → □

2 이처럼 관계적 위치는 시대마다 (변하는, 달라지지 않는) 특성이 있습니다.

10 우리 국토의 영역이 지니는 특징

영역이란 어떤 국가의 주권이 미치는 범위를 말합니다.
영역은 땅 부분인 영토, 바다 부분인 영해, 하늘 부분인 영공으로 이루어집니다.
그럼, 지금부터 영역과 영역을 이루는 요소인 영토, 영해, 영공이 갖는 특징을 알아볼까요?

act 1 영역을 이루는 요소 알아보기

다음 그림을 보고, 물음에 알맞은 말을 □ 안에 쓰세요.

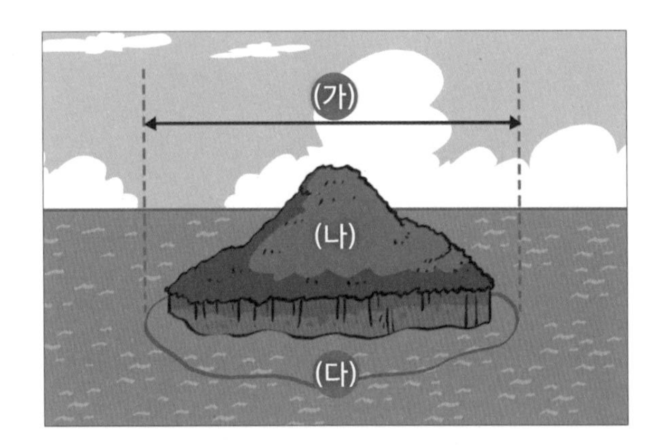

1 영역은 영토, 영해, 영공으로 이루어집니다. (가) ~ (다)는 각각 무엇에 해당할까요?

(가) : □□

(나) : □□

(다) : □□

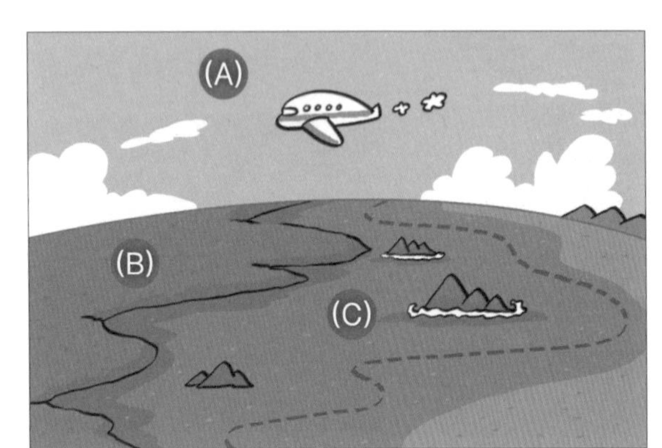

2 (A) ~ (C)를 보고 알맞은 말을 쓰세요.

(A) : 주권이 미치는 □늘 범위

(B) : 주권이 미치는 □ 범위

(C) : 주권이 미치는 바□ 범위

잠깐만요

영역에서 영(領)은 '다스리다'라는 뜻이고, 역(域)은 '땅의 가장자리'라는 뜻입니다. 따라서 영역이란 다스리는 땅이라고 할 수 있는데, 단순히 땅 뿐만 아니라 주변의 바다와 하늘까지도 영역에 포함됩니다. **영토(領土)**의 토(土)는 땅을 의미하므로, 다스리는 땅을 말합니다. **영해(領海)**의 해(海)는 바다를 의미하므로, 다스리는 바다를 말합니다. **영공(領空)**의 공(空)은 하늘을 의미하므로, 다스리는 하늘을 말합니다.

act 2 우리 국토의 면적 알아보기

다음 지도를 보고, 물음에 알맞은 숫자를 □ 안에 쓰세요.

1 우리 국토의 총면적은 얼마일까요?

□□만 □천 ㎢

3 남한의 면적은 얼마나 될까요?

□□만 ㎢

act 3 우리 국토의 크기 비교하기

다음 표는 UN 통계국에서 발표한 나라별 영토 면적과 순위의 일부입니다. 물음에 알맞은 말을 □ 안에 쓰세요.

순위	나라 이름	면적(㎢)	위치
1	러시아	1700만	
…			
82	라오스	23만 7천	아시아
84	가이아나	21만 5천	남아메리카
…			
195	바티칸 시티	0.44	

순위	나라 이름	면적(㎢)	위치
…			
106	아이슬란드	10만 3천	섬
108	헝가리	93,028	내륙
…			

1 남북한을 합친 우리 국토의 총면적은 전 세계에서 몇 위쯤 될까요?

□□위

2 남한 면적만은 전 세계에서 몇 위쯤 될까요?

□□□위

act 4 영해를 정하는 방법 알아보기

1 낱말과 뜻을 알맞게 이어보세요.

통상(通常) ●	● 꺾이거나 굽은 데가 없는 곧은 선
직선(直線) ●	● 특별하지 않고 보통 있는 일
기선(基線) ●	● 기준이 되는 선

2 그림은 영해를 정하는 두 가지 방법을 보여줍니다. 물음에 답하세요.

〈섬이 있는 바다의 경우〉

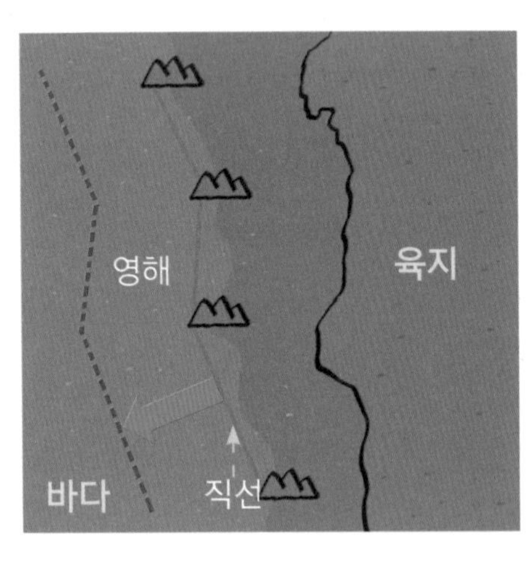

〈섬이 없는 바다의 경우〉

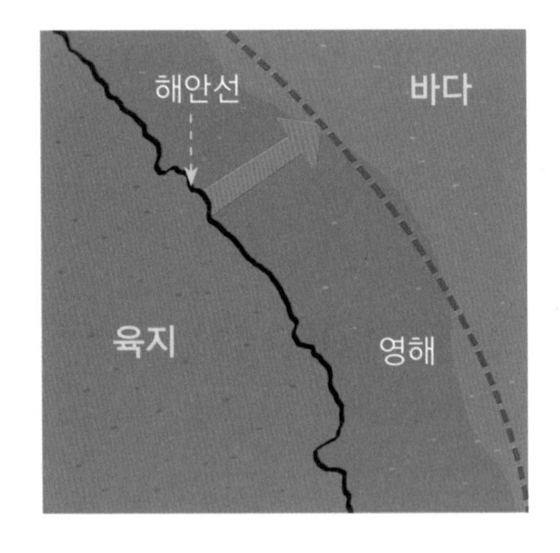

① 그림에서 빨간 점선을 진하게 칠하세요.

② 영해를 정하는 기준선이 어떻게 다른지 비교해 봅시다. 알맞은 말에 ○표 하거나 □ 안에 쓰세요.

구분	섬이 **있는** 바다의 경우	섬이 **없는** 바다의 경우
영해를 정하는 출발점	(섬, 해안) 끝단을 곧게 이은 직선으로부터!	육지 끝단의 □□선으로부터!
영해를 정하는 기준선	□선 기선	통□ 기선

③ 섬이 많으면 영역은 줄어들까요, 늘어날까요? (줄어든다, 늘어난다)

act 5 우리나라의 영해 범위 알아보기

다음 지도는 우리나라의 영해 범위를 나타냅니다. 알맞은 말에 ○표 하거나 □ 안에 쓰세요.

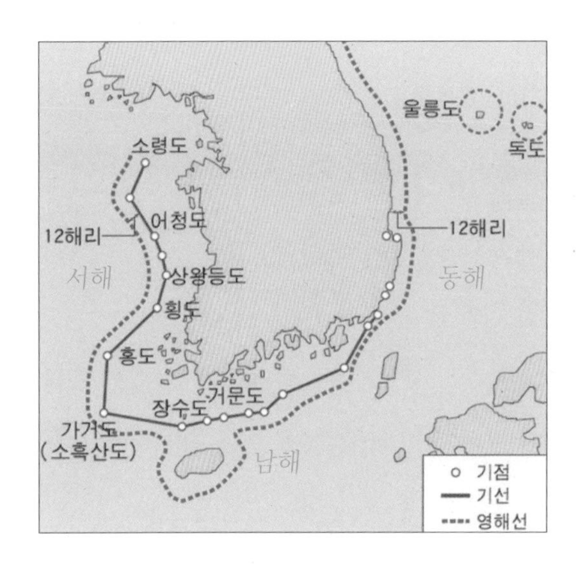

1 파란 점선을 따라 **진하게** 선을 그리세요.

2 어느 해안이 복잡하고 섬도 많을까요? (서해안, 동해안)

3 서해와 남해에서는 우리 국토의 가장 바깥에 있는 □을 직선으로 연결한 선으로부터 □□ 해리, 동해에서는 해 □ 선으로부터 12해리까지를 우리의 영해로 정하고 있습니다.

4 따라서 서해와 남해에서는 (직선 기선, 통상 기선)이, 동해에서는 (직선 기선, 통상 기선)이 영해를 정하는 기준선입니다.

5 1해리는 1,852m입니다. 그렇다면 12해리는 몇 km나 될까요?

12×1,852m = □□,224m

1,000m = 1km

따라서 12해리는 약 □□km입니다.

섬 바깥 혹은 해안선으로부터 □□km까지는 영토와 똑같은 권리가 인정됩니다. 따라서 허락 없이 다른 나라의 배가 함부로 들어오면 안 됩니다.

해리(海里)란 무엇일까요?

'해리'란 바다[海]에서 거리[里]를 재는 단위입니다. 1해리는 1,852m이지요. 그런데 왜 하필 1,852m일까요?
위도 1도(°)의 평균 거리는 111.12km, 곧 111,120m이지요.
위도 1도(°)는 60분(′)입니다.
그렇다면 위도 1분(′)의 거리는 111,120m ÷ 60′ = 1,852m입니다. 그러니까 바다에서 거리를 재는 단위인 해리는 지구에서 위도 1분(′)의 길이에서 비롯된 것이랍니다.

지금까지 배운 내용을 정리해 봅시다.

1. 위치의 뜻과 중요성

보기	관계, 자리, 위치

1 넓은 땅 위의 어떤 현상이나 장소를 다루는 지리에서는 무엇이 어디에, 곧 ☐☐에 대한 학습이 기본적으로 필요합니다.

2 위치란 어떤 현상이나 장소가 땅위에서 차지하고 있는 ☐☐를 말합니다.

3 어떤 현상이나 장소의 위치에는 까닭과 이유, 영향과 ☐☐가 담겨 있습니다.

2. 우리 국토의 위치

보기	9, 33, 43, 124, 132, 동, 북, 중 해양, 반도, 대륙, 관계, 기후, 위도, 경도, 온대, 시간대, 유라시아, 지형지물

1 수리적 위치

① 수리적 위치란 ☐☐와 ☐☐로 정해지는 위치입니다.

② 우리 국토는 북위 ☐☐°~☐☐° 사이에 자리 잡고 있어 ☐반구의 ☐위도대에 위치합니다. 위도는 ☐☐와 관련이 깊은데, 우리 국토에는 ☐☐와 냉대 기후가 나타납니다.

③ 우리 국토는 동경 ☐☐☐°~☐☐☐° 사이에 자리 잡고 있어 ☐반구에 위치합니다. 경도는 ☐☐☐와 관련이 깊은데, 우리나라는 영국보다 ☐시간 이른 시간대를 가집니다.

2 지리적 위치

① 지리적 위치란 대륙, 해양 등과 같은 ☐☐☐☐로 정해지는 위치입니다.

② 우리 국토는 ☐☐☐☐대륙 동안에 위치한 ☐☐ 국가입니다. 그래서 ☐☐과 ☐☐을 모두 이용하기에 유리한 위치입니다.

3 관계적 위치

① 관계적 위치란 주변 나라와의 ☐☐로 정해지는 위치입니다.

② 우리 국토의 관계적 위치는 시대에 따라 (달라져, 변함없이) 왔습니다.

3. 우리 국토의 영역

보기 | 22, 10, 영공, 영해, 영토, 직선, 통상

1. 영역은 한 나라의 주권이 미치는 범위로서 ☐☐, ☐☐, ☐☐(으)로 이루어집니다.
2. 우리 국토의 영토 총면적은 약 ☐☐만 ㎢이고, 남한 면적만 약 ☐☐만 ㎢입니다.
3. 우리 국토의 영해는 서해와 남해에서는 ☐☐기선 12해리, 동해에서는 ☐☐기선 12해리의 범위를 가집니다.

잠시 쉬어 갈까요?

세계에서 영토가 가장 넓은 나라와 작은 나라는 어디일까요?

여러분도 잘 알고 있는 것처럼 전 세계에서 영토가 가장 넓은 나라는 러시아입니다. 그 면적이 자그마치 17,098,242㎢ 라는 군요. 이는 전 세계 육지 면적의 약 1/8을 차지하는 크기입니다. 남북한을 합친 면적보다 77배 정도 넓습니다. 오른쪽 지도는 러시아의 영토 모습입니다. 세로로 세워보면, 참새 같기도 하고 귀여운 아기 공룡 같기도 한 모습이지요?

러시아는 14개의 나라와 국경을 마주보고 있는데, 서쪽 끝에서 동쪽 끝까지 9,000㎞, 경도 172°의 동서 폭을 가집니다. 둥근 지구가 360°이고 그 반쪽이 180°이니까 고위도상에서 지구 둘레의 거의 절반을 도는 크기입니다.

이렇게 폭이 넓다보니 해 뜨는 시간이 장소마다 달라서 서쪽 땅과 동쪽 땅 사이에는 무려 11시간의 시차가 나타납니다. 그러니까 수도 모스크바가 있는 서쪽에서 상쾌한 아침을 맞을 때, 동쪽 시베리아 끝은 이미 해가 기울어 저녁 무렵이 되는 거지요. 모스크바 초등학생이 아침 등교할 시간에 시베리아 끝에 사는 초등학생은 저녁 식사할 시간이 되는 셈입니다. 하지만 러시아는 편의상 9개의 시간대로 나누고 있어 실제로는 서부와 동부 사이에 9시간의 차이가 납니다.

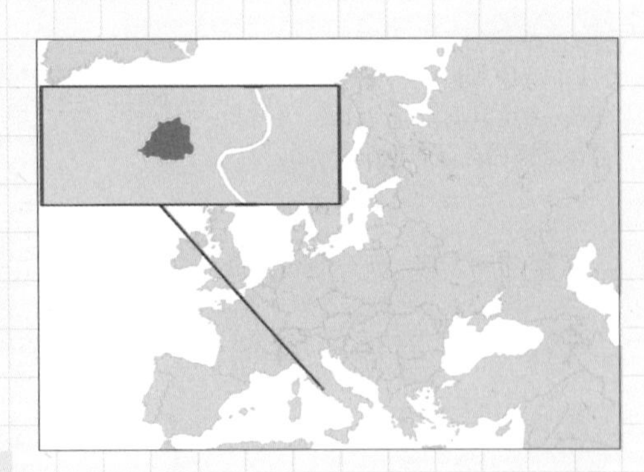

세계에서 가장 영토가 넓은 나라가 러시아라면, 가장 작은 나라는 어디일까요? 그것은 바로 로마에 있는 교황님이 다스리는 바티칸 시국이라는 나라입니다. 이 나라의 면적은 0.44㎢랍니다. 그럼, 가장 면적이 넓은 나라인 러시아와 가장 작은 나라인 바티칸 사이에는 몇 배나 차이가 날까요? 한번 계산해 봅시다.

러시아 영토 크기 : 17,098,242 ÷ 바티칸 영토 크기: 0.44
=38,859,640.9

대략 4,000만 배의 차이가 나는군요!!

그런데 바티칸 시국(市國)은 비록 영토는 작지만, 전 세계 여러 나라에 미치는 정신적인 힘은 실로 막강합니다. 교황님 말씀 한마디는 세계 여러 나라에 계산할 수 없을 만큼 커다란 영향을 끼칩니다. 그러니 나라의 영토 크기가 꼭 힘의 크기를 나타내는 것만도 아니라는 것을 알 수 있습니다.

둘

국토의 지형 환경과 우리 생활

사람들은 땅 위에서 살아가기 때문에
땅의 생김새가 갖는 특징은 우리 생활에 큰 영향을 끼칩니다.
우리 국토의 지형은 어떤 특성을 지니고 있고,
우리 생활과는 어떤 관계가 있는지 살펴볼까요?

11 우리 국토의 전체적인 생김새와 특징

무언가를 제대로 알기 위해서는 먼저 큰 틀부터 살펴야 합니다. 그래야 그 안에 담긴 부분들 사이의 관계를 더 쉽게 알 수 있기 때문이지요. 국토를 이해하는 것도 마찬가지랍니다. 우리 국토의 전체적인 생김새는 어떤 모습이고, 또 어떤 특징을 갖고 있는지 알아볼까요?

act 1 육지와 바다 사이에 있는 지형 살펴보기

다음 그림은 육지와 바다가 맞닿아 있는 곳의 여러 지형을 보여줍니다. 〈지형 사전〉을 참고하여 각 지형을 추리하고 그 이름을 □ 안에 쓰세요.

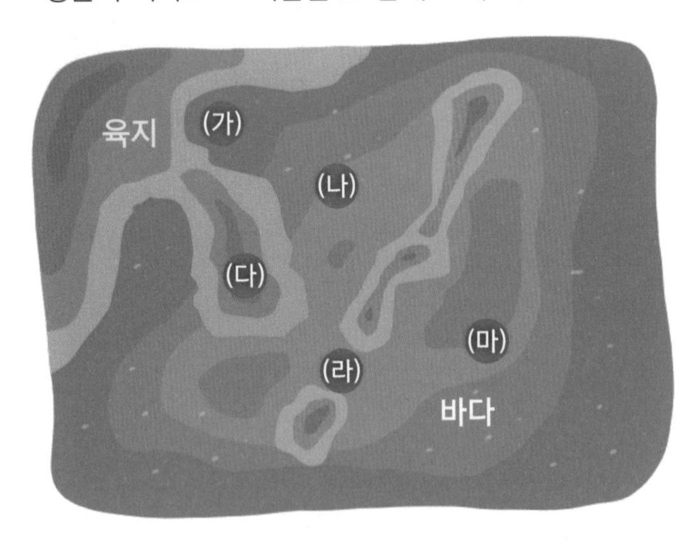

(가) : □

(나) : □

(다) : □□

(라) : □□

(마) : □□

| 지형 사전 |

- **대양** 태평양, 대서양 등과 같이 큰 바다를 말함. 영어로는 ocean이라고 함. 큰 '대(大)', 큰 바다 '양(洋)'을 합친 한자말임.
- **만** 육지 쪽으로 파고 들어가 있는 바다를 말함. 물굽이 '만(灣)'이란 한자말임.
- **반도** 한쪽은 육지와 이어져 있고 나머지 두세 쪽은 바다와 맞닿아 있는 땅을 말함. 말 그대로 반쯤은 섬과 같다는 뜻임. 절반 '반(半)', 섬 '도(嶋)'를 합친 한자말임.
- **해** 육지나 섬이 가로막아 큰 바다와 떨어져 있는 작은 바다를 말함. 영어로는 sea라고 함. '해(海)'는 바다를 뜻하는 한자말임.
- **해협** 육지 사이에 끼여 있는 좁고 긴 바다를 말함. 바다 '해(海)', 좁을 '협(峽)'을 합친 한자말임.

우리가 살아가고 있는 지구 겉면의 모습은 정말 다양합니다. **지형**이란 땅의 생김새나 모양을 뜻합니다. 땅 '지(地)', 모양 '형(形)'을 합친 한자말이랍니다.

act 2 국토의 주변 모습 살펴보기

다음 지도는 우리 국토의 주변 모습을 나타냅니다. 물음에 답하거나 알맞은 말을 □ 안에 쓰세요.

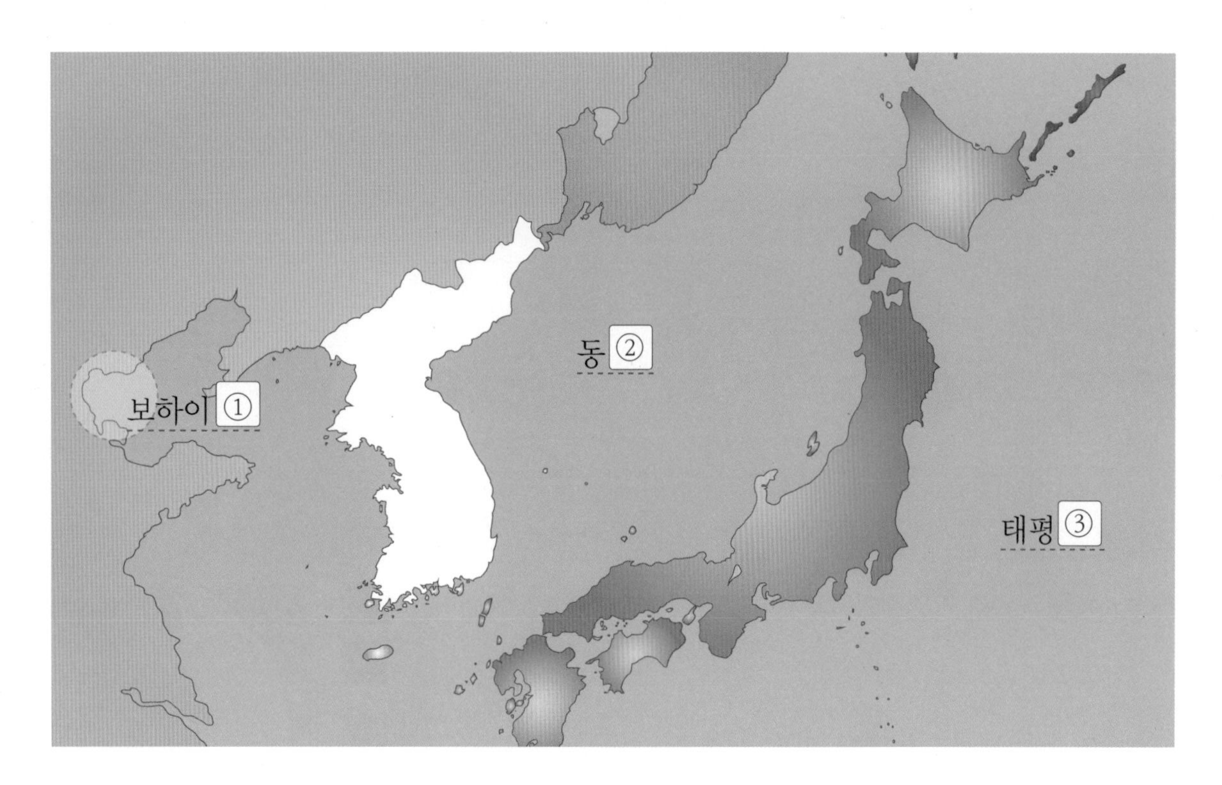

1 우리 국토를 찾아 빗금을 치거나 색칠하세요.

2 그림의 ①~③에 알맞은 지형 이름을 쓰세요.

①: □

②: □

③: □

3 육지와 바다의 배열 관계를 볼 때, 우리 국토가 지니는 특징은 무엇인지 □ 안에 쓰세요.

"우리 국토는 한 쪽은 육지와 이어져 있고, 나머지 세 쪽은 바다로 열려 있는 □□라는 특징을 지닙니다. 그래서 대륙과 해양의 성격을 모두 지니는 독특한 땅입니다."

보하이 만은 중국의 라오둥 반도와 산둥 반도로 둘러싸인 보하이 해 서쪽에 있는 만입니다. 보하이 해에는 보하이 만 이외에도 **라오둥 만**과 **진저우 만**, **라이저우 만**이 있습니다.

act 3 국토의 테두리 모습 살펴보기

다음 지도는 우리 국토의 테두리 모습을 보여줍니다. 알맞은 말을 <보기>에서 찾아 □ 안에 쓰세요.

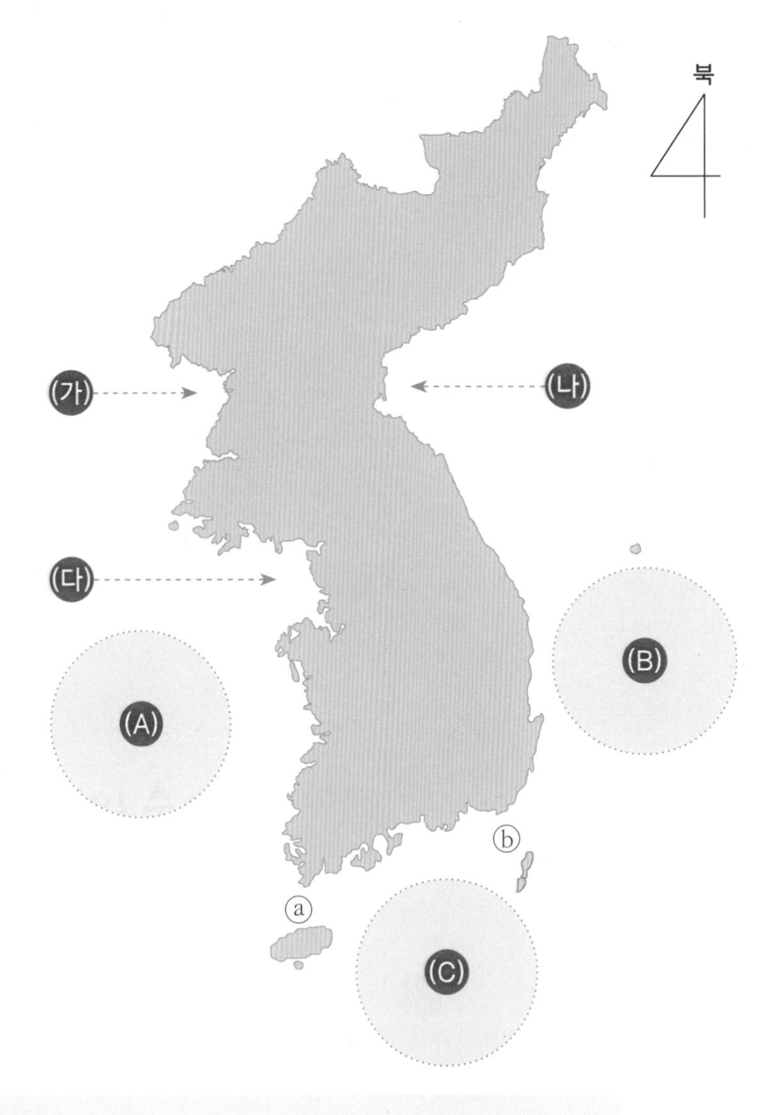

보기 | 경기만, 동한만, 서한만, 남해, 동해, 서해, 대한 해협, 제주 해협

1 (가)~(나)의 이름을 방위와 바다 모양을 바탕으로 추리해 보세요.

(가) : 서□□　(나) : □한□　(다) : □기□

2 (A)~(C)의 바다 이름을 방위를 바탕으로 추리해 보세요.

(A) : 서□　(B) : □□　(C) : □□

3 ⓐ, ⓑ의 이름은 무엇일지 바다 모양과 주변 섬을 바탕으로 추리해 보세요.

ⓐ : □□□□　ⓑ : □□□□

12 우리 국토의 산지가 지닌 특징

산지란 주변보다 높이 솟아오른 지형을 말합니다. 산지는 높이와 비탈 때문에 사람들의 생산 활동이나 교통에 큰 영향을 끼쳐왔습니다. 우리 국토의 산지는 어떤 특징을 지니고 있고, 우리의 생활과는 어떤 관계가 있는지 살펴볼까요?

act 1 주요 지형 이름 알아보기

다음 그림은 생활과 관계 깊은 대표적인 지형의 모습을 보여줍니다. 물음에 답하세요.

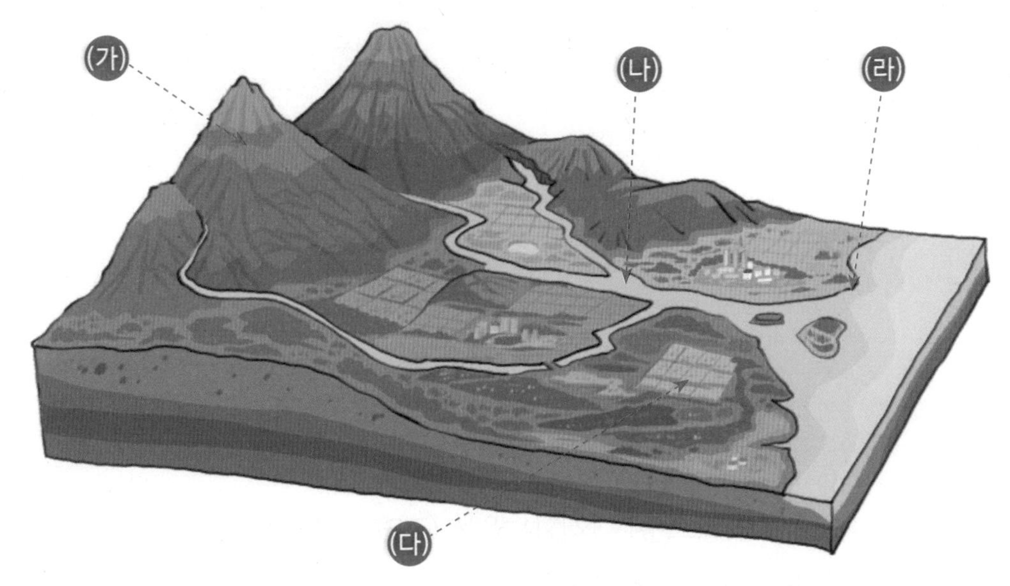

1 다음 한자를 우리말로 □ 안에 쓰고, 서로 관계 깊은 것끼리 이어보세요.

山地 — □□ •		• 물 하(河) + 내 천(川)
平野 — □□ •		• 뫼 산(山) + 땅 지(地)
河川 — □□ •		• 평평할 평(平) + 들 야(野)
海岸 — □□ •		• 바다 해(海) + 낭떠러지 안(岸)

2 위 그림의 (가)~(라)와 서로 관계 깊은 것끼리 이어보세요.

(가) •	• 해안 •	• 높이 솟아 있는 땅
(나) •	• 하천 •	• 강과 내가 흐르는 땅
(다) •	• 평야 •	• 높낮이가 작고 평평한 땅
(라) •	• 산지 •	• 육지와 바다가 만나는 땅

국토에서 산지가 차지하는 비율 살펴보기

다음 표는 우리 국토 전체 면적을 100이라고 할 때, 높이에 따라 산지가 차지하는 비율을 나타냅니다. 물음에 알맞은 말을 □ 안에 넣거나 ○표 하세요.

구분	높이(m)	비율(%)
높은 산지	2,000 이상	0.4
중간 산지	1,500 ~ 2,000	4
	1,000 ~ 1,500	10
	500 ~ 1,000	20
낮은 산지	200 ~ 500	40
평야	200 이하	25.6
계		100

1 '낮은 산지'가 차지하는 비율은 얼마인가요?

□□ %

2 2,000m 이상의 산지가 차지하는 비율은 얼마인가요?

0.□ %

3 표를 바탕으로 우리 국토의 산지 특성을 정리해 봅시다.

"우리 국토는 (평야, 산지)가 더 넓은 면적을 차지하고 있고, 그 중에서도 특히 (높은, 낮은) 산지가 많습니다."

잠깐만요

낮은 산지가 많은 이유

지구 안에서 어떤 힘이 작용하면 땅덩이는 솟아오르기도 하고 내려앉기도 합니다. 이때 솟아오르는 양이 많을수록 땅은 높아집니다. 반대로 물, 바람, 빙하 등에 의해 오랜 세월 동안 깎이면 땅은 낮아집니다. 우리 국토가 전체적으로 낮은 산지가 많은 까닭은 솟아오른 양도 적었던 데다가 오랜 세월 동안 깎여왔기 때문입니다.

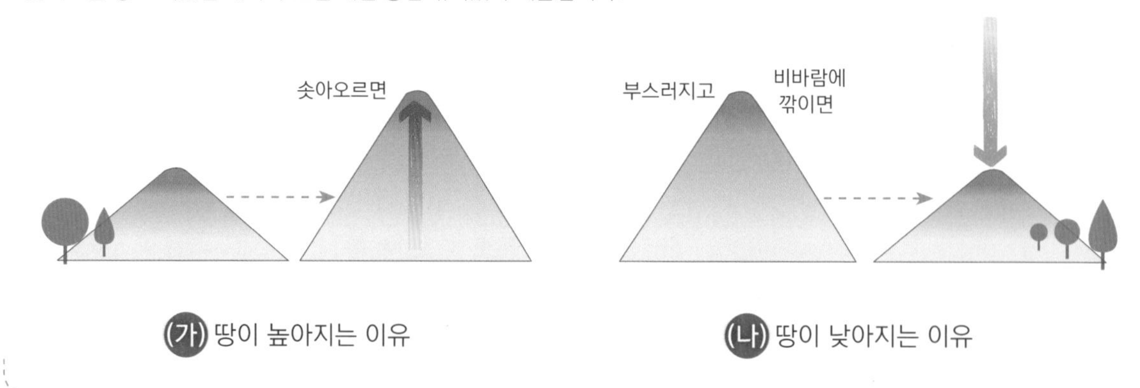

(가) 땅이 높아지는 이유

(나) 땅이 낮아지는 이유

산지와 우리 생활 사이의 관계 살펴보기

다음 그림 (가)~(라)는 우리 전래 동화의 한 장면입니다. 물음에 답하세요.

1 어떤 동화일지 제목을 추리해서 이어보세요.

(가) ●		● 금도끼 은도끼
(나) ●		● 선녀와 나무꾼
(다) ●		● 해와 달이 된 오누이
(라) ●		● 토끼와 호랑이

2 알맞은 말에 ○표 하세요.

① (가)의 무대는 어디인가요? (산, 들, 내)

② (나)의 주인공은 주로 어디에서 일을 하나요? (산, 들, 내)

③ (다)에서 금도끼를 들고 있는 이는 누구인가요? (산, 들, 내)신령

④ (라)에서 호랑이는 어떤 짐승으로 불리나요? (산, 들, 내)짐승

3 이처럼 우리의 전래 동화에서 사건은 주로 (산, 들, 내)에서 일어났고, 산과 관계 깊은 등장인물이 많았습니다. 그 까닭은 우리 국토엔 산지가 많았기 때문입니다.

act 4 우리 국토의 지세 특징 파악하기

다음 지도는 국토의 지세, 곧 전체적인 높낮이 모습을 보여줍니다. 알맞은 말에 ○표 하세요.

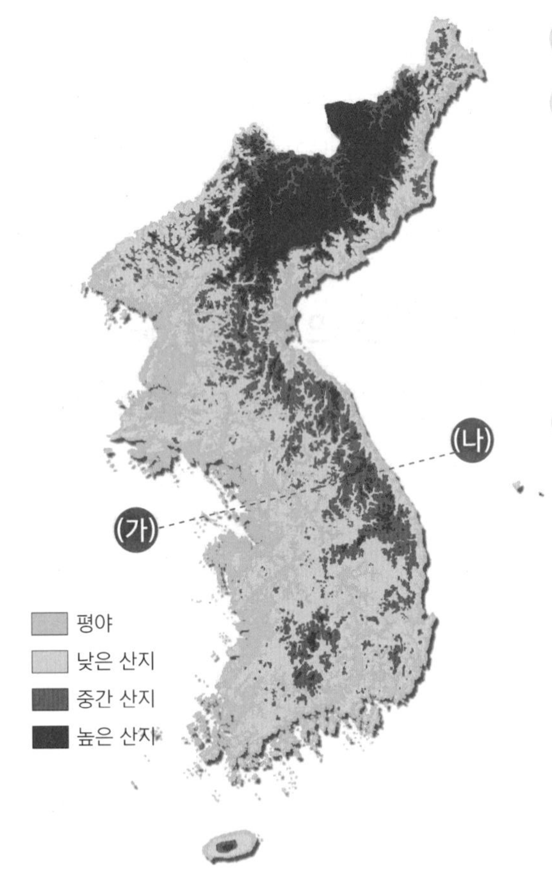

1 우리 국토는 (낮은, 중간, 높은) 산지가 많습니다.

2 우리 국토의 지세는 전체적으로 어떤 특징을 지닐까요?

① 북쪽은 (높, 낮)지만 남쪽은 (높, 낮)습니다.

② 서쪽은 (높, 낮)지만 동쪽은 (높, 낮)습니다.

③ 남서쪽은 (높, 낮)지만 북동쪽은 (높, 낮)습니다.

3 만일 지도의 (가) - (나)를 따라 자르면 어떤 모습일지 그려보세요.

"옆의 그림에서처럼 우리 국토는 동쪽은 높고, 서쪽은 낮은 '□고□저(東高西低)'의 지세를 보입니다."

잠깐만요

지세(地勢)는 땅이 생긴 모양이나 전체적인 형태를 뜻합니다.

잠깐만요

동고서저의 지세가 생긴 까닭 알아보기

오랜 세월에 걸쳐 침식 작용을 받아 (가)처럼 낮아졌던 우리 국토는 신생대에 융기 작용을 받았습니다. 이때 (나)처럼 서쪽은 적게, 동쪽은 많이 솟아오르면서 전체적으로 동고서저의 땅이 되었습니다.
여기서 침식 작용이란 물, 바람, 빙하 등이 땅을 깎는 작용, 융기 작용이란 땅이 솟아오르는 작용을 뜻합니다. 그리고 고위평탄면이란 높은 곳에 위치한 평평한 땅을 말합니다.

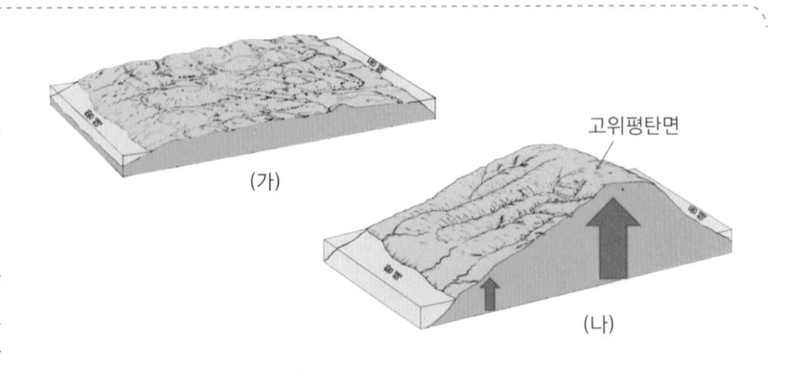

act 5 국토의 지세와 우리 생활 사이의 관계 살펴보기

다음 지도는 국토의 지세와 남북한 지역의 인구 밀도를 보여줍니다. 알맞은 말에 ○표 하세요.

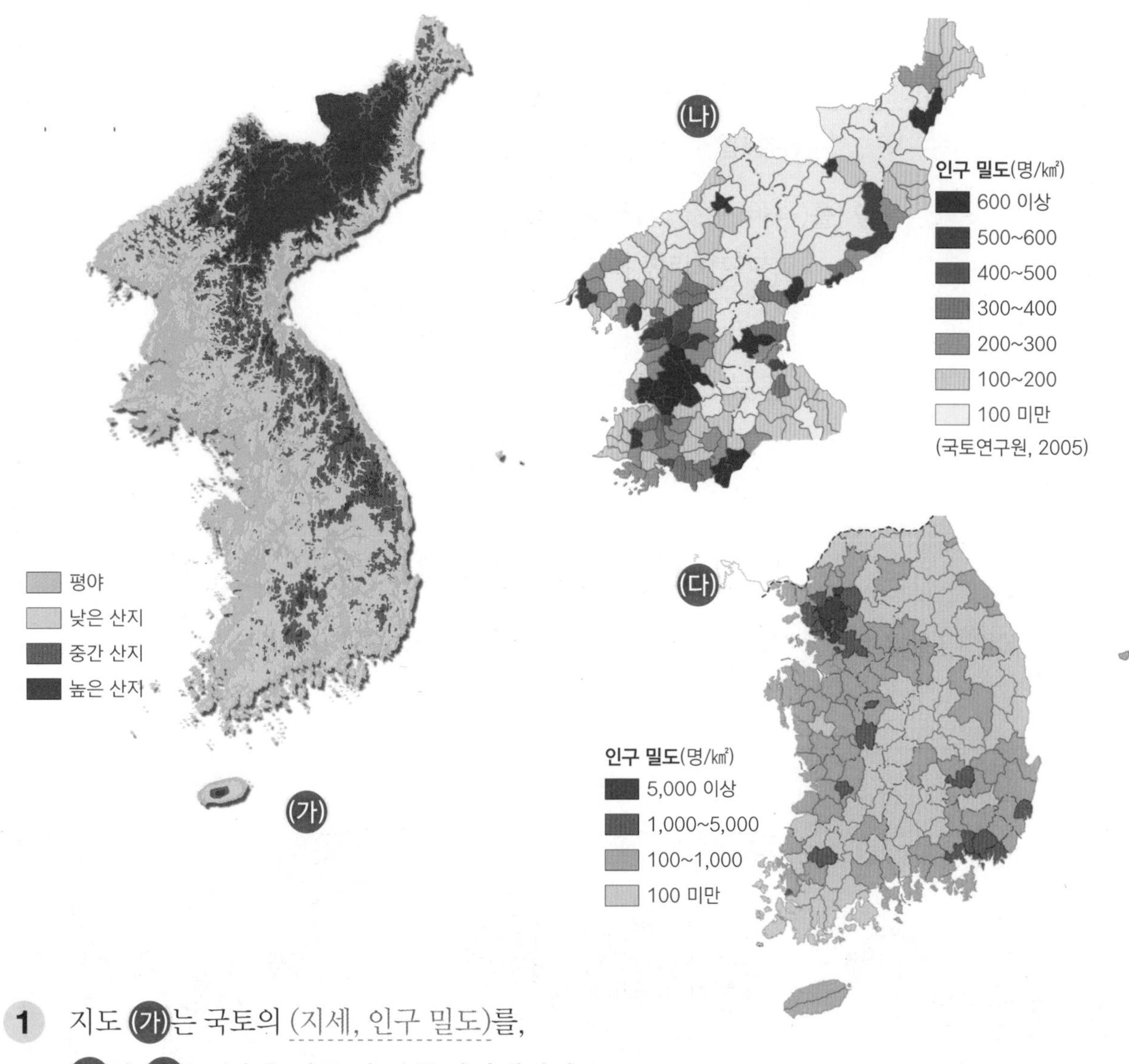

1 지도 (가)는 국토의 (지세, 인구 밀도)를,
(나)와 (다)는 (지세, 인구 밀도)를 나타냅니다.

2 북한 지역에서 지세와 인구 밀도 사이에는 어떤 관계가 있나요?
"(산지, 평야)가 많은 북동부 지방은 인구 밀도가 (높고, 낮고),
평야가 많은 (북동부, 남서부) 지방은 인구 밀도가 높습니다."

3 남한 지역에서 인구 밀도가 낮은 곳은 (서부 평야, 동부 산지)입니다

4 위의 자료를 바탕으로 우리는 어떤 결론을 내릴 수 있을까요?
"산지가 많은 곳에는 인구가 적고, 평야가 많은 곳에는 인구가 많습니다.
따라서 땅의 전체적인 높낮이 곧, ☐☐와 ☐☐ 분포 사이에는 밀접한 관계가 있습니다."

act 6 고위평탄면 지형의 특성 파악하기

다음 지도와 그림은 고위평탄면 지형의 특성에 관한 것입니다. 알맞은 말을 □ 안에 쓰세요.

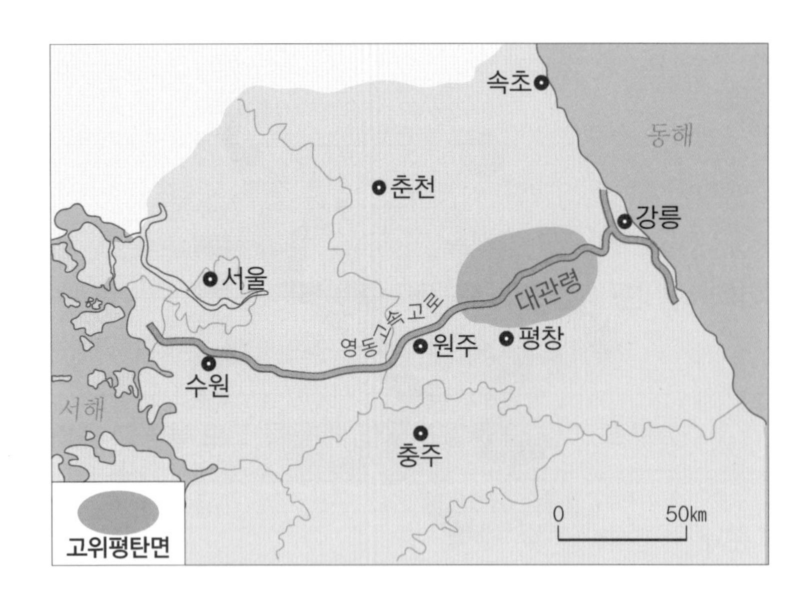

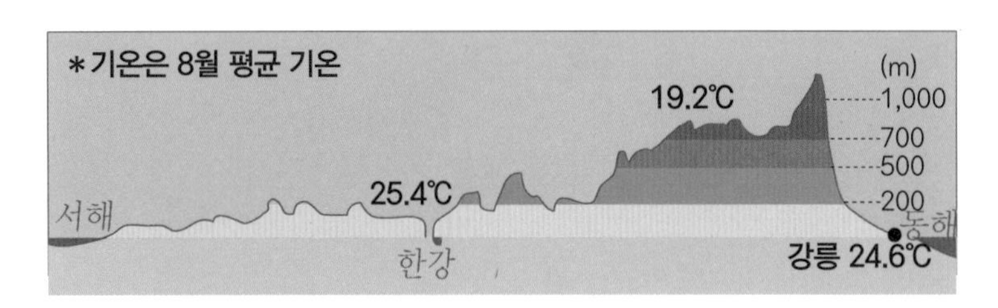

1 고위평탄면 지형이 발달하고 있는 곳은 어디인가요? □□령 일대

2 <보기>는 고위평탄면에 있는 몇몇 지명입니다. 어떤 공통점이 있나요?

보기 | 평창, 봉평, 장평, 용평

"고도 700m 이상의 높은 땅이지만, 지명에 모두 □자가 들어 있습니다."

3 이곳의 한여름 평균 기온은 서쪽 지방과 얼마나 차이가 있을까요?

"고도 25.4℃-19.2℃= □.2℃가 낮아 여름에도 가을처럼 선선합니다."

act 7 고위평탄면 지형과 주민 생활 사이의 관계 탐구하기

다음 사진은 고위평탄면에서 이루어지고 있는 주민 생활을 보여줍니다. 알맞은 말을 □ 안에 쓰세요.

(가) 〈출처: 강릉시청〉

(나) 〈출처: 용평스키장〉

(다)

1 서로 관계 깊은 것끼리 이어보세요.

(가) ● ● 고랭지 채소밭

(나) ● ● 목장

(다) ● ● 스키장

2 이러한 활동이 이루어질 수 있는 까닭은 무엇일까요?

"고도가 높아 □□철에도 선선하고, 비탈이 급하지 않아 배추밭이나 목장을 가꾸기 유리하기 때문입니다. 또한, 고도가 높아 □□철에는 눈이 일찍 내려 봄까지 쌓여 있고, 비탈이 급하지 않아 스키장을 개발하기 유리하기 때문입니다."

우리 국토의 지세 특징 파악하기

다음 지도는 우리 국토의 주요 산맥 이름과 위치를 나타냅니다. 물음에 답하거나 알맞은 말을 □ 안에 쓰세요.

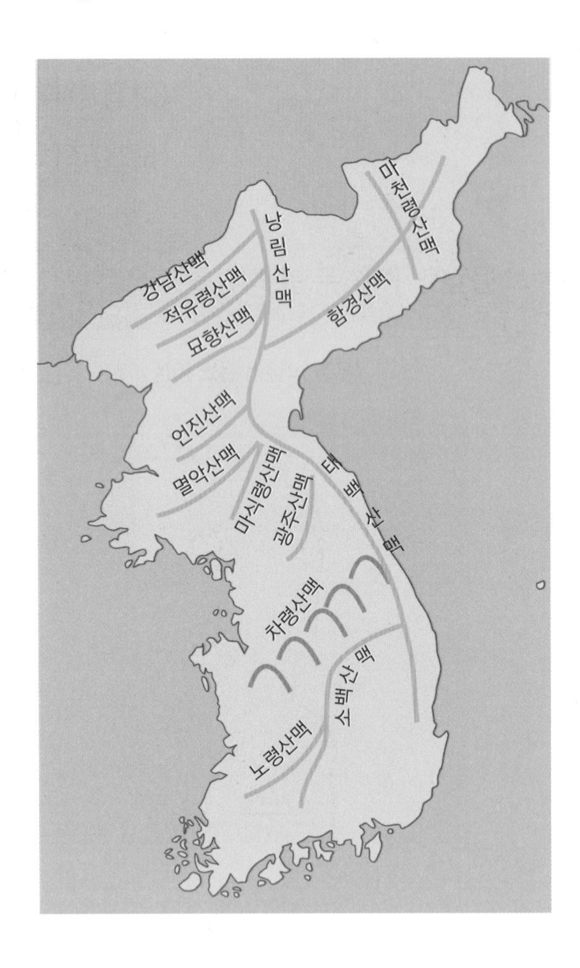

1 산맥을 모두 차령산맥처럼 산봉우리 모양으로 바꾸어 그려보세요.

2 □□이란 산봉우리가 이어진 산줄기를 말합니다. 뫼 '산(山)', 줄기 '맥(脈)'을 합친 말입니다.

3 '령'자가 들어가는 산맥 5개를 찾아 북쪽에서부터 차례로 쓰세요.

□□□산맥, □□□산맥,
□□□산맥, □□산맥, □□산맥

산맥이 생기는 까닭 알아보기

산맥은 (가)처럼 지구 내부의 힘으로 땅이 줄지어 솟아오르면서 생깁니다. 또는 솟아 오른 땅이 (나)처럼 오랜 세월 동안 무른 곳은 많이 깎여 큰 골짜기가 되고, 단단한 곳이 열을 지어 남아 있게 되면서 생기기도 합니다.

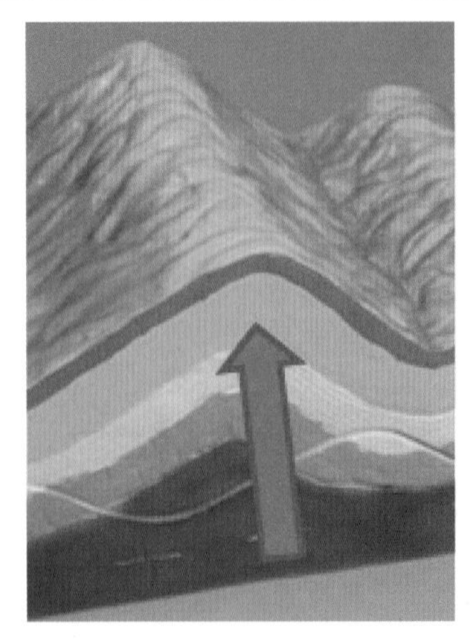
(가)

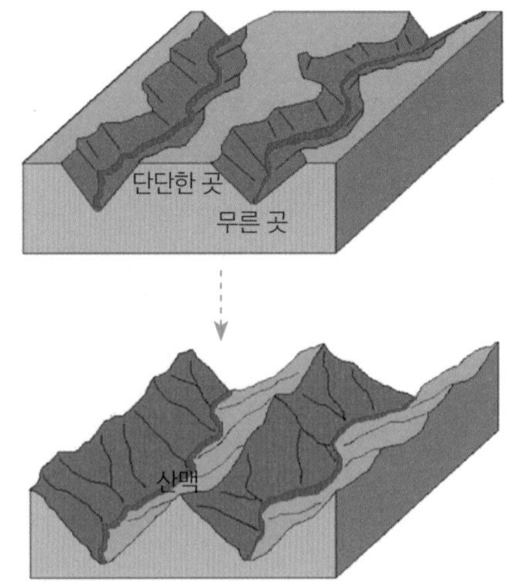

(나)

산맥과 우리 생활 사이의 관계 파악하기

다음 지도는 몇몇 지방의 경계를 보여줍니다. act 8 의 산맥 지도를 바탕으로 추리하여 □ 안에 적절한 산맥 이름을 쓰세요.

1. 함경북도와 함경남도를 가르는 산맥 : □□□산맥
2. 평안도와 함경도를 가르는 산맥 : □□산맥
3. 충청도·전라도와 경상도를 가르는 산맥 : □□산맥
4. 이처럼 산맥들은 두 지방을 나누는 경□가 되었습니다.
   높은 산지는 사람들의 생활 범위에 영향을 주기 때문입니다.

act 10 고개와 우리 생활 사이의 관계 파악하기1

다음 그림은 멀리서 본 어떤 산등성이를 보여줍니다. 물음에 알맞은 말을 □ 안에 넣거나 ○표 하세요.

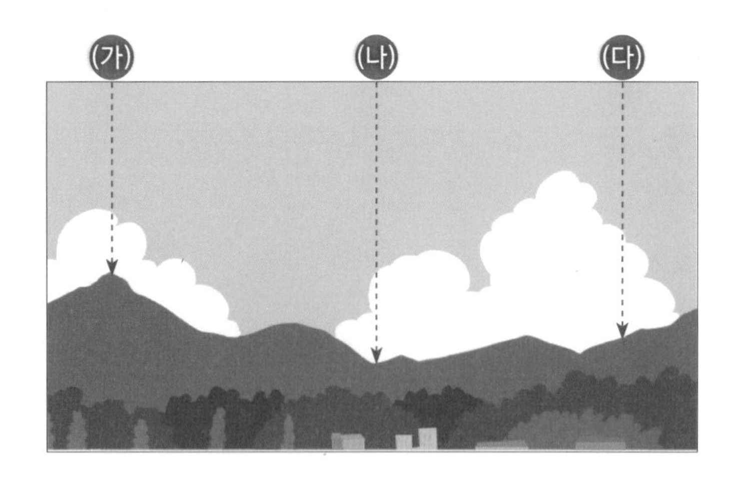

1 (가)~(다)중에서 산줄기를 넘어가기에 가장 쉬운 곳은 어디일까요?
□

2 위의 □와 같은 곳을 (산봉우리, 고개마루)라고 합니다. 그렇다면 교통이 발달하기에 유리한 곳은 □□□□입니다.

3 고개는 한자말로 (봉〈峰〉, 령〈嶺〉)이라고 하고, 순수 우리말로는 '재'나 '티'라고 합니다. 그렇다면 (다)의 실제 지명은 무엇일지 추리해 보세요. (두리봉, 우금티)

act 11 고개와 우리 생활 사이의 관계 파악하기2

다음 지도는 우리 국토의 주요 고개를 나타냅니다. 물음에 알맞은 말을 □ 안에 쓰세요.

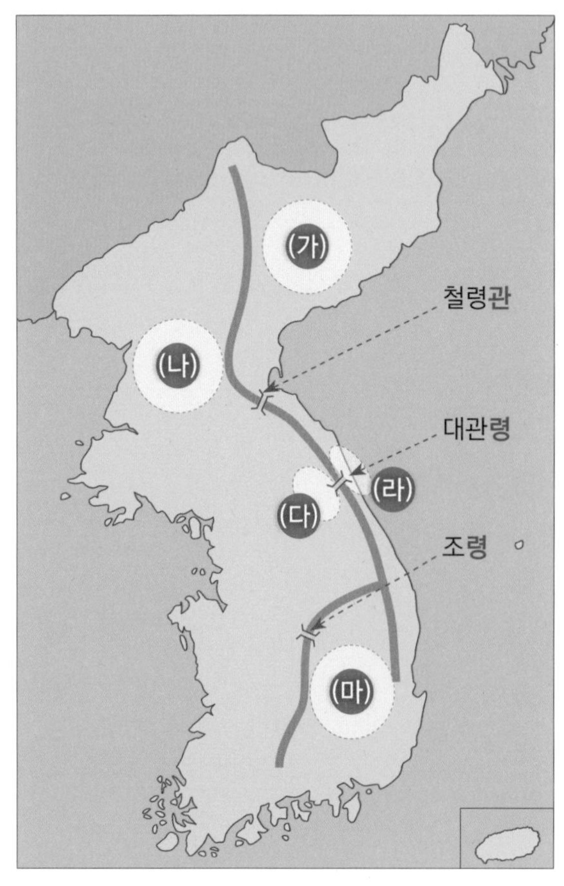

1 (가)는 함경도로서 철령관 북쪽에 위치한다고 해서 '□□ 지방', (나)는 평안도로서 철령관 서쪽에 있다고 해서 '□□지방'이라고도 합니다.

2 (다), (라)는 모두 강원도이지만, (다)는 대관령 서쪽에 위치한다고 해서 '□□지방', (라)는 대관령 동쪽에 있다고 해서 '□□지방'이라고도 합니다.

3 (마)는 경상도로서 조령 남쪽에 자리 잡고 있다고 해서 '□□ 지방'이라고 예부터 불려왔습니다.

4 이처럼 □□는 지방의 경계를 나누는 데 중요한 기준이 되기도 하였습니다.

13 우리 국토의 강과 평야가 지닌 특징

산맥이 국토의 뼈대라면 강과 평야는 핏줄과 살이라고 할 수 있습니다. 강가나 평야는 사람들의 주요 생활 무대가 되어 왔는데, 이는 농업이나 공업 등 생산 활동에 유리하기 때문입니다. 그럼 우리 국토의 강과 평야는 어떤 특징을 갖고 있는지 알아볼까요?

act 1 강과 천 구별하기

다음 그림을 보고 알맞은 말을 □ 안에 쓰세요.

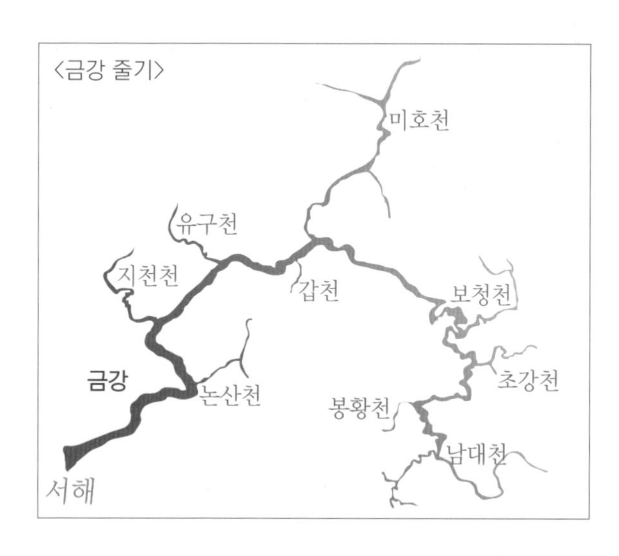

1 옆의 그림에서처럼 큰 물줄기를 '□(江)'이라 하고, 강으로 흘러드는 작은 물줄기를 '□(川)'이라고 합니다. 그리고 강과 천을 모두 묶어 '하천'이라고 합니다. 물 하(河), 내 천(川)이 합쳐진 말이지요.

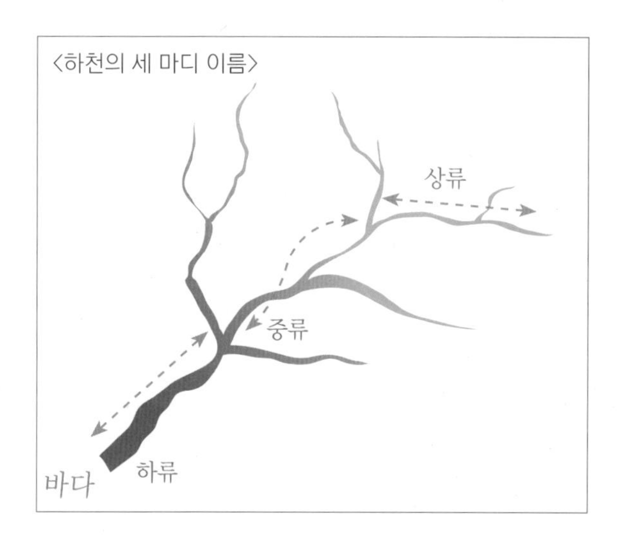

2 크고 작은 하천은 옆의 그림과 같이 대략 세 마디로 나눕니다. 작은 개울과 시내로 이루어진 '□류', 중간 부분의 '중류', 그리고 물의 양도 많고 폭도 넓은 '□류'로 나뉩니다.

act 2 국토의 강줄기 그려보기

다음 지도는 우리 국토의 강줄기를 보여줍니다.

1 강줄기를 다음과 같이 진하게 칠하면서 위치와 모습을 익혀보세요.

- 압록강으로 흘러드는 강이나 천 : 빨강색
- 서해로 흘러드는 강이나 천 : 파랑색
- 동해로 흘러드는 강이나 천 : 노랑색
- 남해로 흘러드는 강이나 천 : 검정색

2 지도에 나타난 강이나 천 중에서 각 바다로 곧장 직접 흘러드는 것은 모두 몇 개인지 세어보세요.

① 서해 : □□개

② 동해 : □개

③ 남해 : □개

3 이처럼 우리 국토의 큰 강이나 천들은 주로 어느 바다로 흘러들고, 왜 그럴까요?

"우리 국토의 큰 강들은 주로 □해로 흘러듭니다. 그 까닭은 국토의 서쪽이 (낮, 높)기 때문입니다."

잠깐만요

빗방울의 운명 알아보기

백두산 서쪽에 떨어진 빗방울은 압록강을 따라 서해로, 동쪽에 떨어진 빗방울은 두만강을 따라 동해로 흘러듭니다.

태백산 북쪽에 떨어진 빗방울은 한강을 따라 서해로, 남쪽에 떨어진 빗방울은 낙동강을 따라 남해로 흘러듭니다.

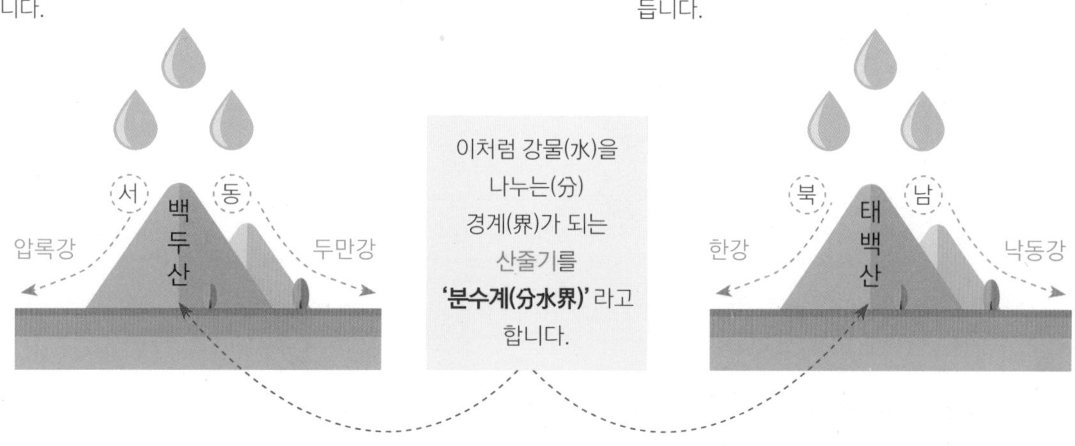

주요 강의 유역 확인하기

다음 지도를 보고 물음에 답하세요.

1. 한강의 강줄기를 모두 찾아 빨간색으로 그려보고, 그 유역을 대략 표시하세요.
2. 낙동강의 강줄기를 모두 찾아 초록색으로 그려보고, 그 유역을 대략 표시하세요.

유역이란 아래 그림처럼 하천의 물이 모여 흘러드는 범위를 말합니다. 흐를 유(流), 가장자리 역(域)을 씁니다. 그리고 유역과 유역을 나누는 산줄기를 **분수계**(그림의 점선 표시)라고 합니다.

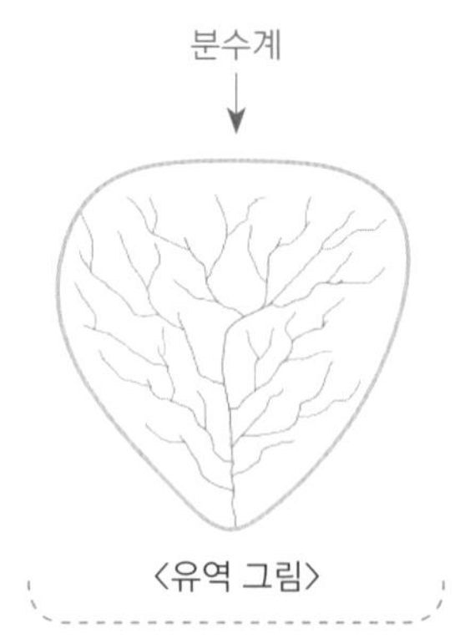

<유역 그림>

| 요령 |

① 강줄기 찾아 잇기 : 한강이나 낙동강이 바다와 만나는 지점으로부터 상류 방향으로 강줄기를 찾아 이어갑니다.

② 유역 범위 잡기 : 위 지도에서 노란 선으로 범위를 표시한 금강의 사례에서처럼 한강이나 낙동강으로 모여드는 모든 강줄기를 확인하고 그 범위를 대강 잡아 표시합니다.

강의 위치를 잘 모르겠다면 58쪽 지도를 참고하세요.

act 4 강과 도시 발달 사이의 관계 알기

다음 지도는 우리 국토의 주요 강과 도시 발달 사이의 관계를 보여줍니다. 알맞은 말을 □ 안에 쓰거나 ○표 하세요.

1 다음의 강가에 자리 잡고 있는 도시들의 이름을 쓰세요.

① 압록강 : □□□, □□□ ② 대동강 : □□

③ 한강 : □□, □□□, □□ ④ 금강 : □□

⑤ 낙동강 : □□, □□

2 우리 국토에서 큰 도시들은 대체로 어디에 발달하고 있나요?

"우리 국토의 큰 도시들은 □ 가까이에 자리 잡고 있습니다."

act 5 강과 우리 생활 사이의 관계 알기

다음 사진은 사람들이 강이나 천을 이용하는 모습을 보여줍니다. 물음에 답하세요.

(가)

(나)

(다)

1 (가)~(다)는 모두 무엇을 이용하는 모습인가요?

(산, 들, 강)

2 서로 관계 깊은 것끼리 이어보세요.

(가) •　　　• 교통로로 이용하는 모습

(나) •　　　• 댐을 막아 전기를 생산하거나 여러 용수로 활용하는 모습

(다) •　　　• 여가 생활에 이용하는 모습

평야의 위치와 특징 알아보기

다음 지도는 우리 국토의 주요 평야 이름과 위치를 나타냅니다. 물음에 답하거나 알맞은 말에 ○표 하세요.

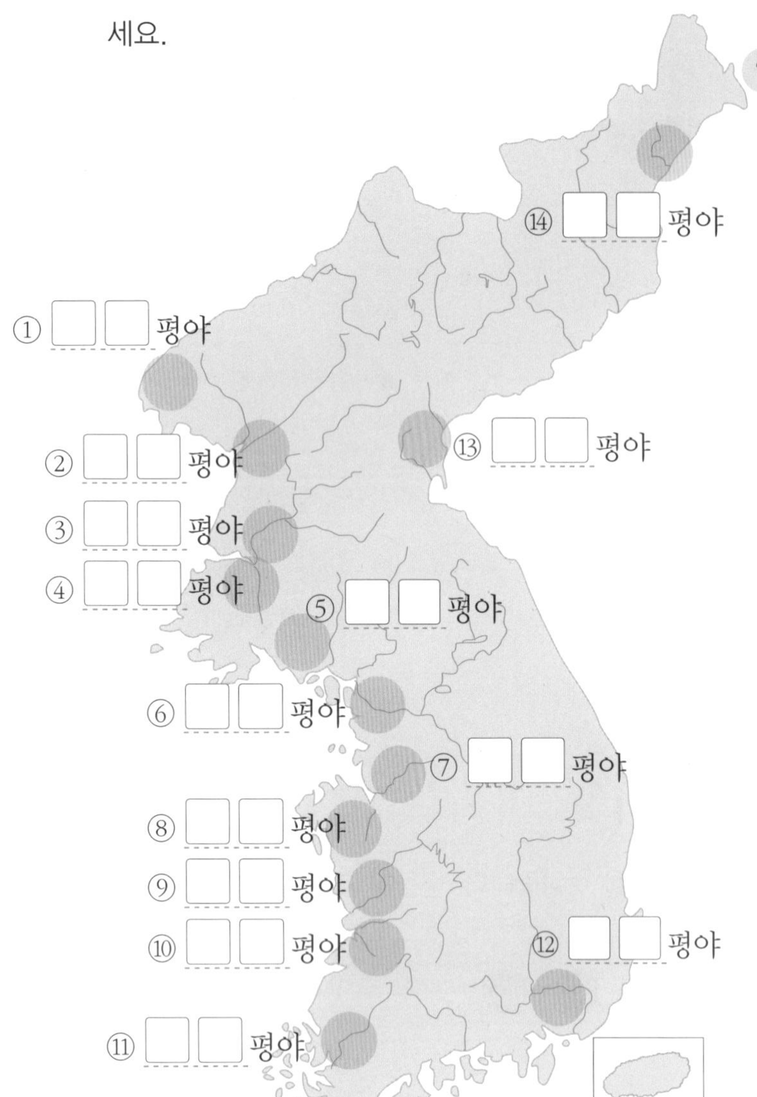

1 다음 자료를 참고로 ①~⑭의 평야 이름을 쓰세요. 앞의 58쪽 지도를 참고하세요.

평야 이름	발달한 위치
수성 평야	수성천 하류
용천 평야	압록강 하류
안주 평야	청천강 하류
함흥 평야	성천강과 용흥강 사이
평양 평야	대동강 중·하류
재령 평야	재령강 중·하류
연백 평야	예성강 하류
김포 평야	한강 하류
안성 평야	안성천 하류
예당 평야	삽교천 중·하류
논산 평야	금강 하류
호남 평야	만경강과 동진강 사이
나주 평야	영산강 하류
김해 평야	낙동강 하류

2 우리 국토의 주요 평야는 주로 어디에 자리 잡고 있고, 그 까닭은 무엇일까요?

"우리 국토의 주요 평야는 (서남부, 북동부) 지방에, 하천 (상, 중, 하)류에 주로 발달합니다. 그 까닭은 우리 국토가 (동고서저, 서고동저)의 지형이기 때문입니다."

강 하류에 넓은 평야가 발달하는 까닭

강 하류에 넓은 평야가 발달하는 까닭은 사진처럼 땅이 솟아오른 양이 원래부터 작았을 뿐만 아니라, 홍수 때마다 많은 양의 흙이 날라져와 두껍게 쌓여 평평한 땅을 만들기 때문입니다.

〈출처 : 국토지리정보원〉

평야와 우리 생활 사이의 관계

다음 자료를 보고, 물음에 알맞은 말을 □ 안에 쓰거나 ○표 하세요.

(가)

(나)

(다)

1 (가)~(다)는 밀, 벼, 보리 사진을 순서 없이 보여 줍니다. 각각 어떤 작물인지 이름을 쓰세요.

(가) : □

(나) : □□

(다) : □

2 (가)는 주로 어떤 경작지(농사땅)에서 재배되나요? (논, 밭)

3 왼쪽 평야에서 주로 재배되는 작물은 무엇일지 추리해 봅시다.

"(벼, 밀)입니다. 왜냐하면 사진 속의 네모 모양의 땅은 (논, 밭)으로서 이렇게 평평한 모양으로 만드는 것은 물을 잘 담아놓기 위해서입니다. 벼농사를 짓는 데는 물이 많이 필요합니다."

4 이처럼 우리 국토의 평야는 주로 (밭, 논)으로 이용되면서 우리의 주요 식량을 생산하고 있습니다.

14 우리 국토의 해안이 지닌 특징

해안이란 바닷가를 말합니다. 우리 국토는 세 면이 바다와 맞닿아 있어 해안선이 깁니다. 그런데 각 바닷가는 서로 다른 특징을 지니고 있습니다. 그럼, 우리 국토의 해안은 어떤 특징을 지니고 있는지 살펴볼까요?

act 1 국토의 해안 모습 비교하기

다음 지도는 국토의 해안 모습을 나타냅니다. 알맞은 말을 □ 안에 쓰거나 ○표 하세요.

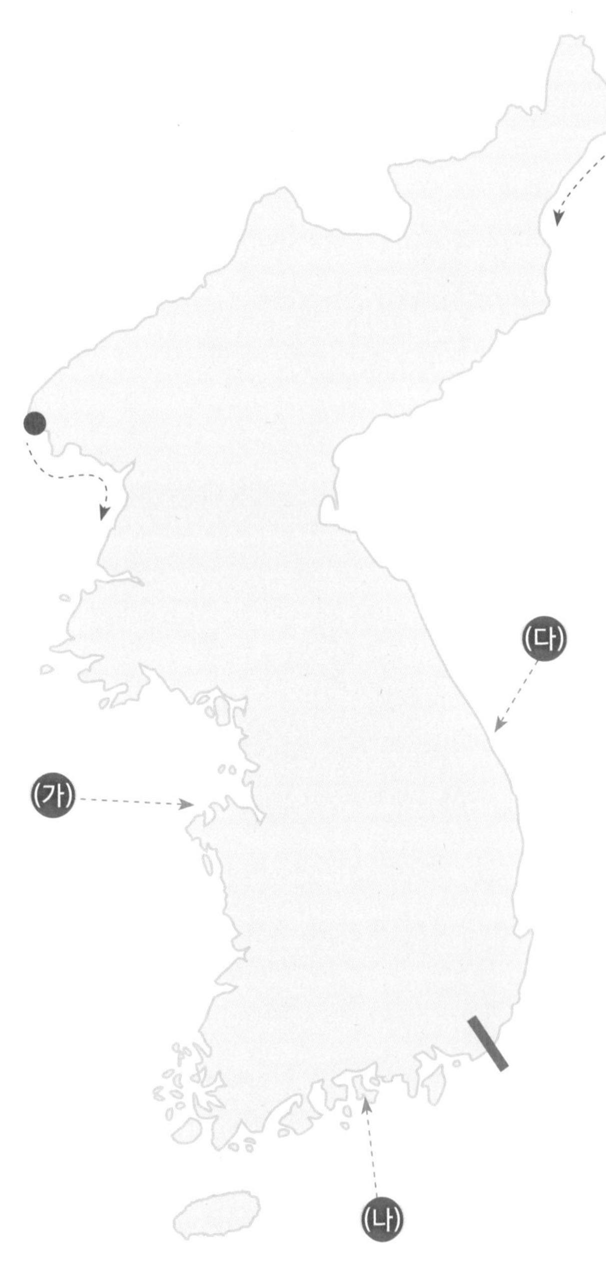

1 파란 점 ●에서부터 ▌지점까지 파란색으로 해안선을 따라 그대로 그려보세요.

2 빨간 점 ●에서부터 ▌지점까지 빨간색으로 해안선을 따라 그대로 그려보세요.

3 (가) ~ (다)해안의 이름은 무엇일까요? 방위를 생각하며 적어보세요.

(가) : □해안
(나) : □해안
(다) : □해안

4 세 해안의 생김새는 서로 어떻게 다른가요?.

"서해안과 남해안은 이리저리 굽어 꺾여 있고 섬도 많아 (복잡한, 단조로운) 모습이지만, (서·남, 동)해안은 곧게 뻗어 있고 섬도 별로 없어 단조로운 모습입니다."

act 2 해안 모습에 차이가 생긴 까닭 알기

다음 그림을 보고 물음에 알맞은 말을 □ 안에 넣거나 ○표 하세요.

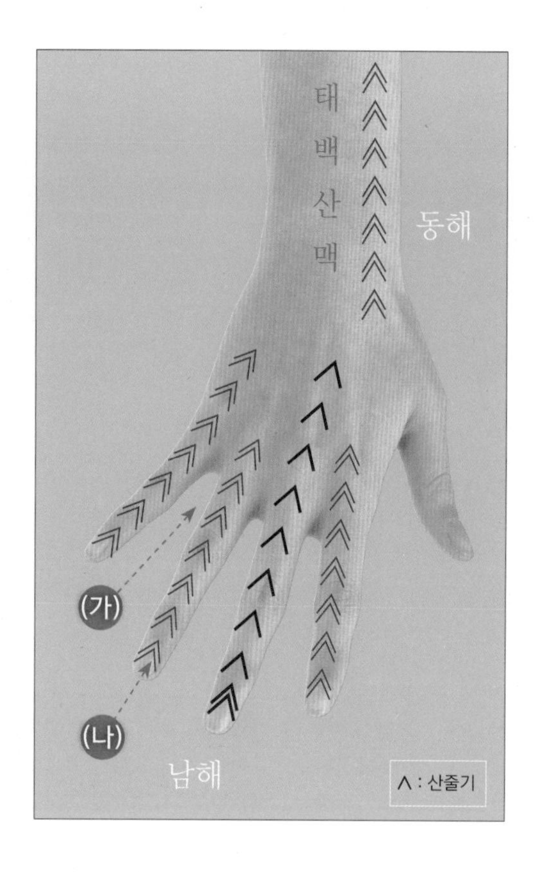

1 만약 손에 물이 차오른다면 (가)~(나)는 각각 어떤 지형이 될까요?

(가) : □

(나) : □□

2 해안선의 생김새가 서로 다른 까닭은 무엇일까요?

"동해안에서는 태백산맥처럼 큰 산맥이 해안과 (나란히, 엇갈려) 달려 바닷물이 차 올라와도 골짜기가 작아 해안선이 밋밋하게 됩니다."

"그렇지만 남해안에서는 작은 산맥들이 해안과 (나란히, 엇갈려) 놓여있기 때문에 골짜기가 물에 잠기면 만이 되고, 높은 곳은 섬으로 남거나 반도가 되어 해안선이 복잡한 모습을 띠게 됩니다."

act 3 두 해안에 널리 나타나는 지형 모습 비교하기

다음 사진 (가), (나)는 어느 바닷가의 모습입니다. 물음에 알맞은 말을 □ 안에 넣거나, ○표 하세요..

1 (가), (나)는 각각 무엇일까요?

(가) : □벌 (나) : □□장

2 (가), (나)는 각각 주로 어떤 흙으로 이루어져 있을까요?

(가) : □흙 (나) : □래

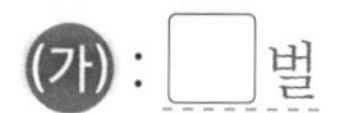

3 (가), (나) 각각 어느 바닷가에서 주로 볼 수 있는 모습일까요?

(가) : □해안이나 □해안 (나) : □해안

해안과 우리 생활 사이의 관계 탐구하기

다음 자료를 보고 물음에 알맞은 말을 □ 안에 넣거나 ○표 하세요.

(가) 굴 양식장

〈출처: 강릉시청〉

(나) 해수욕장

(다) 머드 축제(보령시)

(라) 촛대 바위 관광지(동해시)

1 (가)는 (갯벌, 백사장)을, (나)는 (갯벌, 백사장)을 활용하고 있는 모습입니다.

2 (다)는 (서, 동)해 바닷가에 널리 나타나는 풍부한 (갯벌 진흙, 백사장 모래)(을)를 활용한 축제이고, (라)는 (서, 동)해 바닷가에 잘 발달하고 있는 기묘한 (바위 더미, 섬)(을)를 활용한 관광지 모습입니다.

3 (다) 축제는 □□시 바닷가에서 벌어지는데 그곳은 오른쪽 지도에서 (a, b)에 해당합니다. (라) 관광지는 □□시 바닷가에 있는데 그곳은 오른쪽 지도에서 (a, b)에 해당합니다.

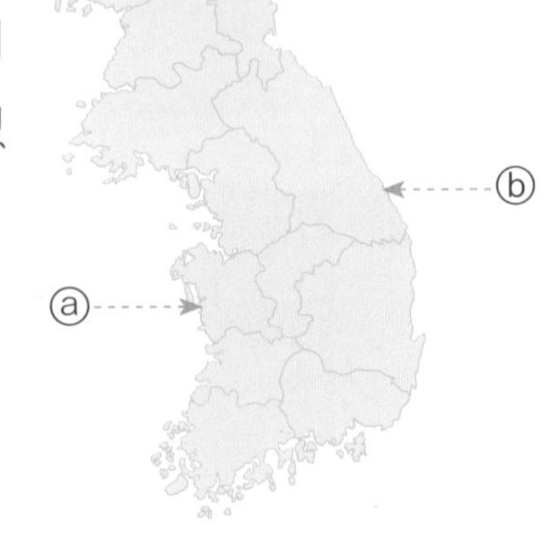

15 우리 국토의 특수지형 1 – 카르스트 지형

우리 국토에는 생긴 과정과 모양이 독특한 지형이 있습니다. 바로 카르스트 지형과 화산 지형이 그것입니다. 먼저 카르스트 지형의 특징을 알아보고, 우리 생활과는 어떤 관계를 맺고 있는지 한 번 살펴볼까요?

act 1 석회암 지대의 독특한 지형 알기

자료 (가) ~ (라)를 보고 추리하여 물음에 답하거나 알맞은 답을 □ 안에 쓰세요.

1 석회암은 빗물에 잘 녹는 성질이 있습니다. 오랜 시간이 지나면, 석회암으로 이루어진 땅은 ⓐ와 ⓑ 중에서 어떤 모습으로 달라질까요? 선으로 **진하게** 표시해 보세요.

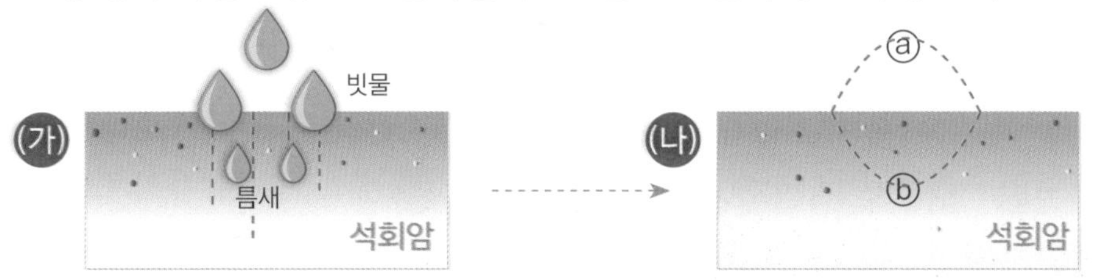

2 아래 사진은 석회암으로 이루어진 땅에서 발달한 어떤 지형입니다. 주변보다 둥근 모양으로 우묵하게 들어간 부분을 찾아 원모양으로 대략 표시하고 빨간색으로 빗금 칠하세요.

(다)

(라)

<출처: 카르스트 지형과 동굴 연구>

석회암은 산호나 조개껍데기 등 석회 성분을 가진 생물이 죽어서 바다 밑에 쌓여 굳어진 암석입니다. 석회암이 땅바닥을 이루는 곳에서는 암석이 빗물에 녹으면서 다양한 지형이 만들어지는데 이런 지형을 **'카르스트 지형'**이라고 합니다. 그런 지형 중에서 주변보다 낮고 우묵한 지형이 발달하기도 하는데, 이것을 **'돌리네'**라고 합니다. 그리고 땅속에서는 지하수에 의해 암석이 녹아 생긴 빈 공간인 **'동굴'**이 생기기도 합니다.

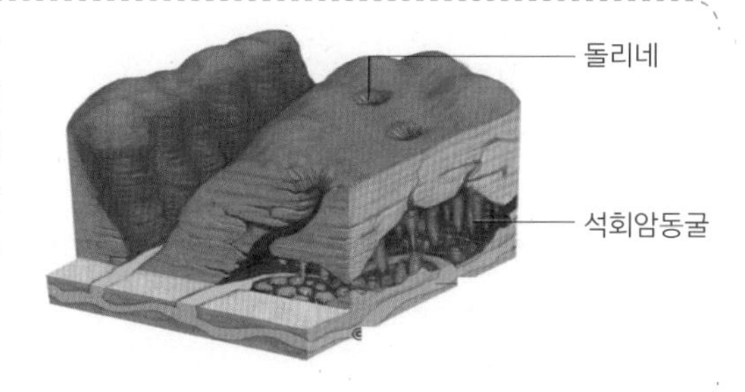

카르스트 지형과 우리 생활 사이의 관계 알기 1

다음 자료를 보고 물음에 알맞은 말을 □ 안에 넣거나 ○표 하세요.

(가)

1 지도 (가)의 왼쪽 아래에처럼 시멘트 공장이 자리 잡고 있는 것으로 보아 이곳 일대에는 '□□암'이 풍부하게 분포하고 있다는 걸 추측할 수 있습니다.

2 지도 (가)에서 안쪽으로 마디를 달고 있는 모양 ⬭을 모두 찾아 파란색으로 칠하세요. 이 모양은 주위보다 높이가 낮은 우묵한 땅을 나타내는 등고선입니다. 그렇다면 ⬭표시가 있는 곳은 '□□□지형'이라는 것을 알 수 있습니다.

(나) 돌리네의 토지 이용

3 사진 (나)에서 뒤편에 자리 잡고 있는 건물은 □□□공장으로 추측됩니다.

4 (나)에서 농사짓는 땅의 한 가운데 쯤에 구멍이 뚫려 있는 모습을 찾아 ○표 해보세요. 이곳은 지하로 물이 스며드는 곳입니다.

5 돌리네 지형은 (논, 밭)으로 활용하기에 유리합니다. 왜냐하면 비록 주위보다 낮은 땅이지만 물이 고이지 않고 지하로 잘 빠지기 때문입니다.

시멘트와 석회암의 관계

시멘트는 물로 반죽하면 단단하게 굳어 접착제 구실을 하는 물질로서 건물을 지을 때 흔히 볼 수 있습니다. 시멘트의 주요 원료는 석회석 가루입니다. 그런데 석회석 돌덩이를 실어나르는 것보다는 가루를 실어나르는 것이 간편하고 비용도 더 적게 듭니다. 그래서 시멘트 공장은 주로 석회석이 많이 매장되어 있는 곳에 자리잡습니다.

카르스트 지형과 우리 생활 사이의 관계 알기

다음 홈페이지 화면을 보고 알맞은 답을 □ 안에 쓰세요.

1 홈페이지에 나타난 정보로 보아 고수동굴은 (석회암, 용암) 동굴이라는 점을 알 수 있습니다. 이런 동굴은 □□ 자원으로 이용됩니다.

2 이처럼 석회암 지대에서는 1차, 2차, 3차 산업이 잘 발달합니다. 카르스트 지형의 돌리네는 □으로, 석회암은 □□□ 공업의 원료로, 석회 동굴은 □□ 산업의 자원으로 이용되기 때문입니다.

산업의 분류

사람들이 살아가는 데 쓸모 있는 것을 얻거나 만들어내는 모든 일을 산업이라고 합니다. 산업은 크게 1차, 2차, 3차 산업으로 나뉩니다.

- **1차 산업**은 논밭, 산지, 바다와 강 등 자연환경을 직접 이용해 생활에 필요한 물품을 얻거나 생산하는 활동으로서 농업, 임업, 수산업 등이 여기에 속합니다.
- **2차 산업**은 1차 산업에서 얻은 원료를 가공해서 생활에 필요한 물품이나 에너지를 생산하는 활동으로서 광업, 제조업 등이 여기에 해당합니다.
- **3차 산업**은 생산된 물품을 수송하고 판매하거나 서비스를 제공하는 산업으로 1차나, 2차 산업에서 생산된 물품을 소비자에게 팔거나 사람들의 생활을 편리하게 하여 만족을 주는 생산 활동으로서 상업, 금융, 운송, 정보통신, 관광 등으로 여기에 속합니다.

16 우리 국토의 특수 지형 2 – 화산 지형

화산 지형은 화산이 폭발하여 만들어진 독특한 지형으로, 우리나라에도 여러 곳에 화산 지형이 발달하고 있습니다. 그럼 화산 지형은 어떻게 만들어지고 각 지역별로 어떤 특징을 지니고 있는지 알아볼까요?

act 1 화산의 형태별 종류 살펴보기

자료 (가) ~ (다)를 보고 물음에 답하거나 추리하여 알맞은 말에 ○표 하세요.

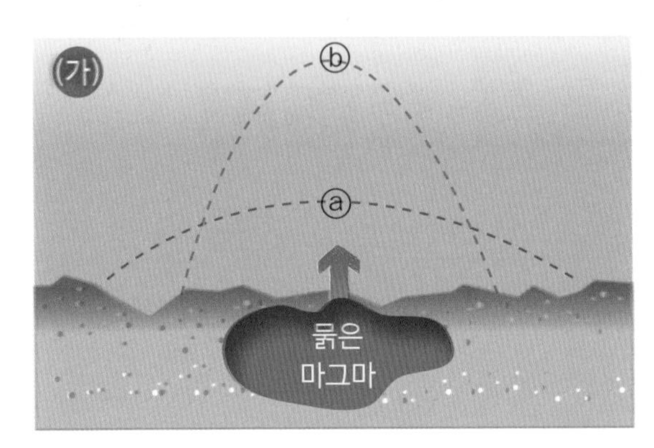

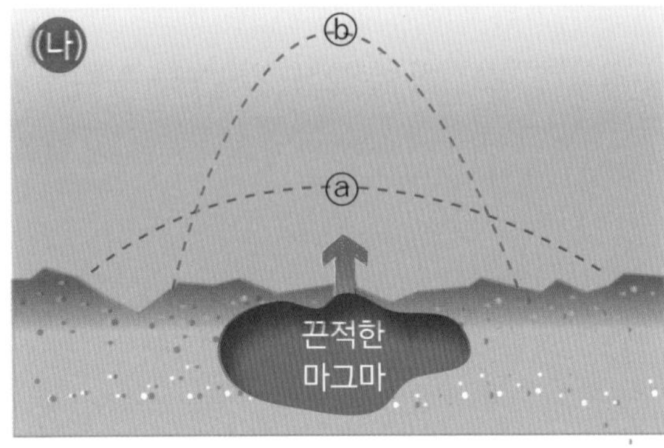

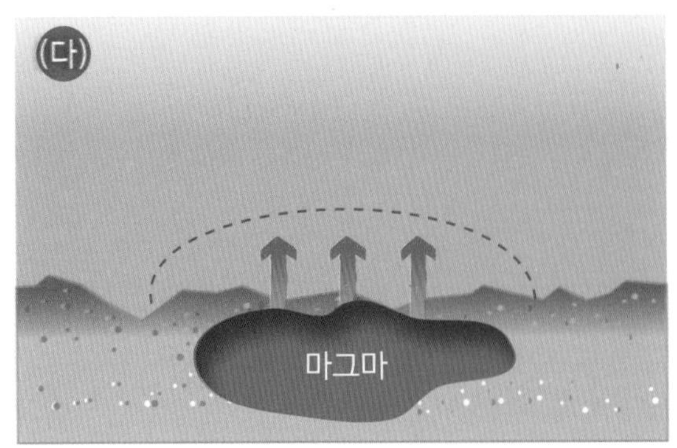

1 마그마는 끈적한 정도에 따라, 분출한 다음에 흐르거나 쌓이는 모양에 차이가 생깁니다.

그림 (가), (나)와 같이 서로 다른 성질의 마그마가 뿜어 나와 식을 경우, 화산은 각각 어떤 모양이 될 지 ⓐ와 ⓑ중에서 추리하여 선을 그어 표시하세요.

그리고 굳어진 산 모양도 빨간색으로 칠하세요.

2 (다)의 점선을 따라 그어보세요.

3 이를 바탕으로 살펴보면, (가)는 (방패, 종, 무대) 모양, (나)는 (방패, 종, 무대) 모양과 비슷합니다.

마그마는 지하에서 암석이 높은 온도에 의해서 녹은 물질로서 점성, 곧 끈적한 성질의 정도가 서로 다릅니다. 마그마가 땅위로 솟구쳐 뿜어져 나온 물질을 용암이라고 하는데, 점성이 크면 멀리 흐르지 못해 종 모양의 산지, 점성이 작으면 넓고 멀리 퍼지면서 방패 모양의 산지를 만듭니다.

화산의 형태별 분류
화산은 형태적으로 (가)와 같은 순상 화산, (나)와 같은 종상 화산, (다)와 같은 용암 대지로 분류합니다. 여기서 순(盾)은 방패, 종(鐘)은 쇠북, 대(臺)는 높고 평평함을 뜻합니다. **순상 화산**은 화산의 경사가 완만하며 제주도의 한라산이 대표적입니다. **종상 화산**은 화산의 경사가 급하며 울릉도의 성인봉이 대표적입니다. **용암 대지**는 평평한 땅으로 철원 평야가 대표적입니다.

act 2 분화구의 형태별 종류 살펴보기

자료 (가) ~ (다)를 보고 물음에 답하거나 추리하여 알맞은 말에 ○표 하세요.

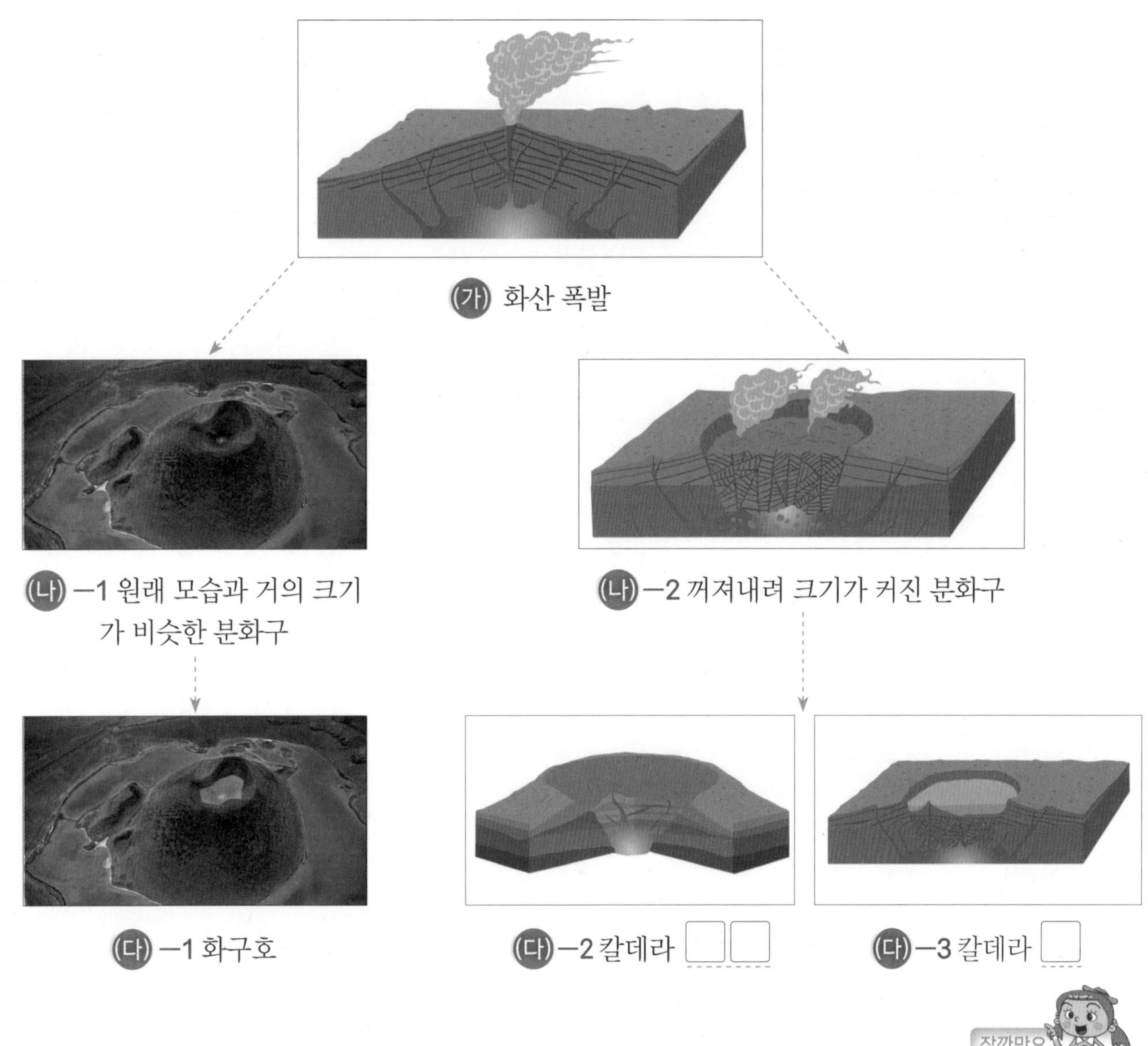

(가) 화산 폭발

(나)-1 원래 모습과 거의 크기가 비슷한 분화구

(나)-2 꺼져내려 크기가 커진 분화구

(다)-1 화구호

(다)-2 칼데라 □□

(다)-3 칼데라 □

1 그림 (나)-1, (나)-2에서 분화구를 찾아 그 둘레에 ○표 하세요.

2 그림 (다)-1과 (다)-3의 공통점은 무엇일까요?

"둘 다 물이 고여 □□(이)가 만들어져 있다는 점입니다."

3 □□ 호보다 □□□ 호가 수심도 더 깊고, 둘레도 더 깁니다. 왜냐하면 □□□는 여러가지 이유로 화구가 움푹 꺼져 내리면서 규모가 더 커진 지형이기 때문입니다.

화산 폭발 후 분화구가 식으면 (나-1)처럼 그 모습을 거의 그대로 간직하기도 하고, (나-2)처럼 여러 이유로 꺼져 내려 크기가 커지기도 합니다. 이렇게 함몰로 규모가 커진 분화구 지형을 **'칼데라'**라고 합니다. 이때 주위의 산으로 에워싸여 화분 모양의 땅(地)으로 남게 되면 **'칼데라 분지'**, 물이 고여 호수를 이루면 **'칼데라 호'**라고 합니다. 한편, 분화구에 물이 고여 호수를 이루면 **'화구호'**라고 합니다.

act 3 백두 산과 철원의 화산 지형 살펴보기

자료 (가) ~ (다)를 보고 물음에 답하거나 추리하여 알맞은 말에 ○표 하세요.

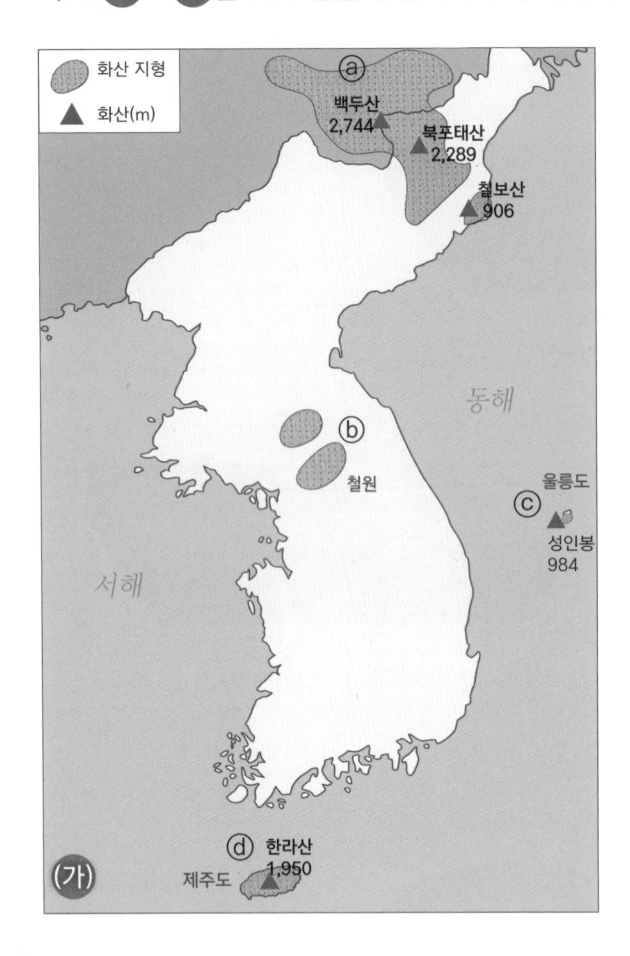

1 (가)는 우리나라에서 화산 지형이 나타나고 있는 곳을 표시한 지도입니다. 이를 바탕으로 우리나라에서 화산 지형이 분포하고 있는 ⓐ ~ ⓓ의 지명을 쓰세요.

ⓐ : □□산

ⓑ : □□일대

ⓒ : □□도

ⓓ : □□도

2 사진 (나)의 호수 둘레를 빨간색으로 대략 표시 하세요.

3 (나)는 ⓐ산에 있는 천지(天池)의 모습입니다. 이것은 분화구가 꺼져내려 앉으면서 규모가 커진 곳에 물이 고여 있는 □□□호 지형입니다.

4 사진 (다)는 지도 (가)의 ⓑ일대, 곧 □□평야의 모습입니다. 마그마가 분출하여 골짜기를 메워 생긴 이 평야는 강보다 (낮, 높)은 곳에 평탄하게 마치 무대처럼 생긴 모습니다.

5 따라서 (다)의 평야를 이루고 있는 화산 지형은 □□대지'라고 판단할 수 있습니다.

act 4 울릉도의 화산 지형 살펴보기

자료 (가)~(나)를 보고 물음에 답하거나 추리하여 알맞은 말에 ○표 하세요.

(가)

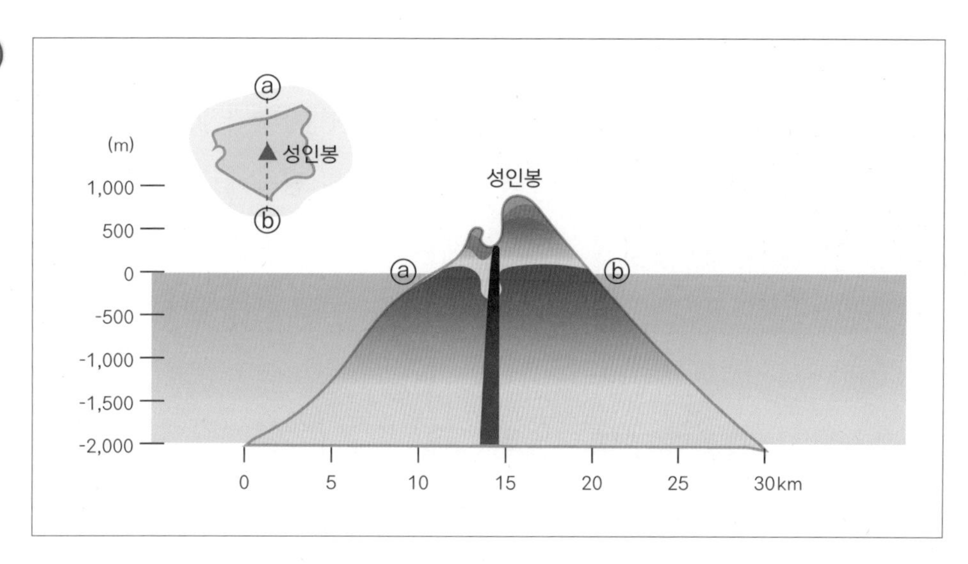

1 (가)는 울릉도의 화산 지형을 나타냅니다. (가)를 바탕으로 성인봉은 해저로부터 솟아오른 높이가 거의 □□□□m에 이릅니다. 이것은 형태면에서 '□□ 화산'입니다.

(나) 성인봉 일대의 모습

2 성인봉 근처에는 (나)와 같이 분화구가 꺼져 앉아 크기가 커진 평탄한 지형이 발달합니다. 이곳에서는 나리 분지라고 합니다. 이 화산 지형은 '□□□ □□' 입니다.

나리 분지는 면적 1.5~2.0㎢이고, 동서 길이 약 1.5km, 남북 길이 약 2km로 울릉도에서는 유일하게 평지를 이루는 곳입니다. 이곳은 물이 흘러나갈 출구가 없기 때문에 집중호우에는 잠깐 호수가 만들어지기도 하지만, 화산재가 바닥을 이루어 물이 금방 땅속으로 스며듭니다. 따라서 밭농사를 할 뿐, 논농사는 불가능합니다. 지하로 스며든 물은 섬의 북쪽 비탈 250m 지점에서 솟아나오는데, 이 물을 이용하여 발전소를 돌립니다.

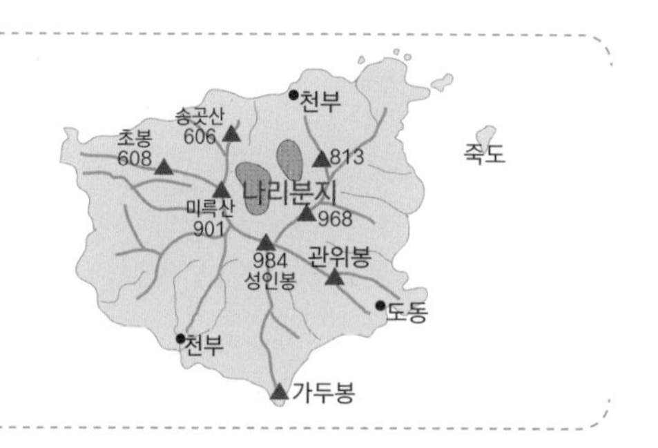

act 5 제주도의 화산 지형 살펴보기

자료 (가)~(다)를 보고 물음에 답하거나 추리하여 □ 안에 알맞은 말을 쓰세요.

(가)

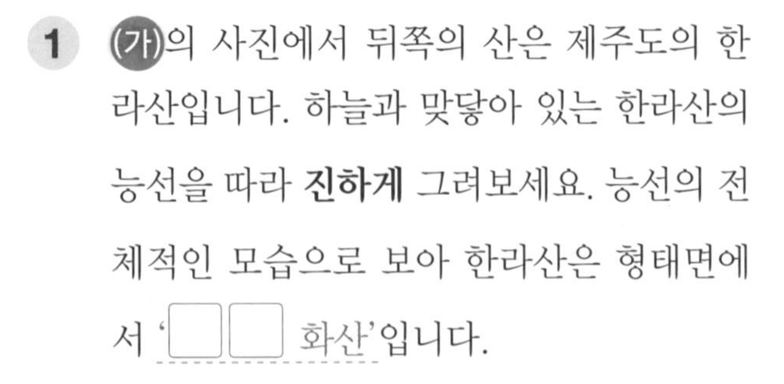

1 (가)의 사진에서 뒤쪽의 산은 제주도의 한라산입니다. 하늘과 맞닿아 있는 한라산의 능선을 따라 **진하게** 그려보세요. 능선의 전체적인 모습으로 보아 한라산은 형태면에서 '□□ 화산'입니다.

(나)

2 (나)는 한라산 정상에 있는 백록담입니다. 이것은 분화구에 물이 담겨 있는 '□□호'라는 화산 지형입니다.

(다) 제주도의 기생 화산 분포

3 한라산 주위에는 수백 개의 작은 아기 화산들이 있습니다. (다) 지도를 보면 이 작은 아기 화산을 제주도에서는 '□□'이라고 부른다는 것을 알 수 있습니다.

4 이처럼 큰 화산체 주변에 2차적인 화산 폭발로 만들어진 작은 화산을 (다) 지도의 제목처럼 '□□ 화산'이라고 합니다.

잠깐만요

제주도 해안에는 용암이 바닷물을 만나 갑자기 식으면서 만들어진 육각형의 돌기둥 지형을 볼 수 있는데, 이 지형을 **'주상 절리'** 라고 합니다. 주(柱)는 기둥을, 절(節)은 마디를, 리(理)는 결이나 잔금을 뜻합니다. 곧, 암석에 일정한 방향으로 나 있는 틈이나 결을 말합니다.

지금까지 배운 내용을 정리해 봅시다.

1. 국토의 전체 모습

① 우리 국토은 삼면이 바다로 열려있는 ☐☐의 모습을 띕니다.

2. 국토의 지형 환경

1 산지

① 우리 국토는 평야보다 '☐☐'가 많습니다.

② '☐은 산지'가 대부분을 차지합니다. 그것은 융기량이 적었고 오랜 침식을 받았기 때문입니다.

③ '동☐서☐의 지세'를 이룹니다. 그것은 서쪽보다 동쪽이 많이 융기했기 때문입니다.

④ 대관령 일대에는 '☐☐☐☐면'이 발달합니다. 그곳은 고랭지 채소 재배, 목장, 스키장 등으로 활용됩니다.

⑤ 주요 산맥과 고개는 지방을 나누는 '☐계'가 됩니다.

⑥ 북동쪽이 높고 남서쪽이 낮은 까닭에 인구 밀도는 북동부보다는 '☐☐부' 지방에서 더 높습니다.

2 강과 평야

① 우리 국토의 주요 강들은 주로 '☐해'로 흘러듭니다. 그것은 동고서저의 지세 특성 때문입니다.

② 도시들은 '☐가'에 자리 잡고 있는 경우가 많습니다. 그것은 생산 활동에 유리하기 때문입니다.

③ 평야는 주로 국토의 '☐☐부' 지방에 발달합니다. 그것은 동고서저의 지세 특성과 더불어 큰 강들이 홍수 때마다 많은 흙을 실어와 쌓아 놓았기 때문입니다.

④ 평야는 '☐농사'에 주로 활용되면서 많은 식량을 공급해 줍니다.

3 해안

① 우리 국토의 '☐·☐해안'은 복잡하고, '☐해'는 단조로운 모습입니다. 그것은 동해안에서는 큰 산맥이 해안과 나란하지만, 서·남해안에서는 산맥과 해안이 서로 엇갈리기 때문입니다.

② 서·남해안에서는 진흙으로 이루어진 '☐☐ 지형'이 발달하고, 동해안에서는 모래로 이루어진 '☐☐☐지형'이 발달합니다.

③ 서·남해안에서는 갯벌 지형을 '☐☐장', 머드 축제 등으로 활용하고, 동해안에서는 백사장 지형을 '☐☐욕장' 등으로 활용하고 있습니다.

4 카르스트 지형

① 석회암이 빗물에 녹으면서 만들어내는 다양한 지형을 '□□□□지형'이라고 합니다. 여기에는 둥근 형태의 우묵한 지형인 '□□□'와, 지하에 생긴 빈 공간인 '□□'이 있습니다.

② 석회암 지대에서는 □ 농사, □□□ 공업, □□산업 등 1, 2, 3차 산업이 모두 발달하기도 합니다.

5 화산 지형

① 우리나라의 화산 지형은 □□산 일대, □□ 평야, □□도, □□도에서 발달하고 있습니다.

② 화산은 형태면에서 '□□ 화산', '□□ 화산', '□□ 대지' 등으로 나뉩니다.

③ 여러 가지 힘이 작용하여 꺼져 내리면서 규모가 커진 분화구를 '□□□'라고 합니다.

3. 지형 환경과 우리 생활의 관계

우리 국토의 지형 환경은 '교□ 및 도□ 발달, 인□분포, 토□ 이용' 등 인간 생활에 큰 영향을 미치고 있습니다.

'리히터 지진계로 진도 9.0의 지진'은 맞는 말일까, 틀린 말일까?

여러분도 혹시 2016년 9월 12일 저녁 08시 32분경 경주 일대에서 발생한 규모 5.8의 지진을 느껴보았는지요? 당시 이 책을 쓰고 있던 선생님도 갑자기 속이 울렁거리며 어지럽더니, 아파트가 기우뚱하고 현관문에 매단 방울이 요동치는 소리를 들으며 느꼈던 공포가 지금도 생생합니다.

지진(地震, earthquake)이란 잘 알다시피 땅이 흔들리는 현상입니다. 지진은 지구의 맨 바깥쪽 땅 껍데기인 지각 또는 맨틀 속 암석이 부서지면서 생기는 거대한 흔들림이 땅위까지 전달되는 현상이지요(그림 참고). 이때 암석이 부서지는 장소, 곧 지구 내부에서 지진이 최초로 발생한 지점을 진원(震源)이라 하고, 진원 바로 위의 지표 지점을 진앙(震央)이라 합니다.

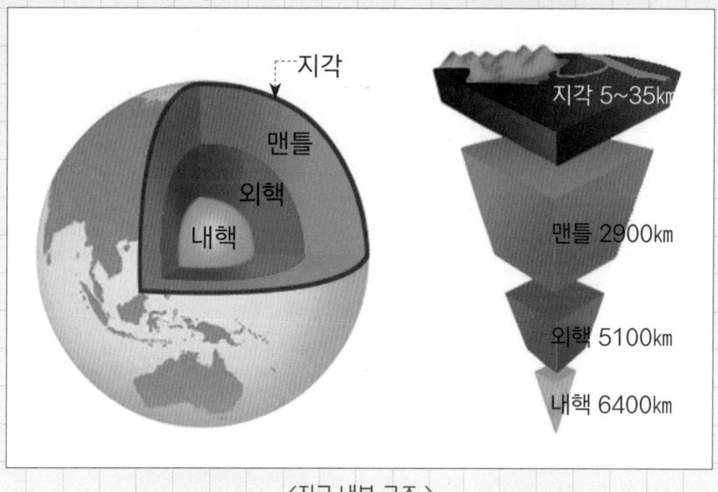

〈지구 내부 구조 〉

우리나라에서는 지진이 잦은 편은 아니지만, 일정한 주기로 강진이 반복된다는 주장이 제기되어 왔습니다. 그런 주장에 따라 우리 역사에서 발생했던 여러 지진의 규모와 피해에 대하여 최근 관심이 쏠리고 있습니다.

한 연구에 따르면 삼국사기 등 옛 문헌을 찾아본 결과, 고대(2~936년)에는 총 113회, 고려 시대(936~1392년)에는 총 188회, 조선 시대(1392~1905년)에는 총 1,664회의 지진 기록 있다고 합니다. 이 중에서 대표적인 기록으로서 고대의 경우, 380년 여름 백제에서는 "큰 지진이 일어나 땅바닥이 갈라져 그 깊이가 다섯 길, 넓이가 세 길이나 되었는데 3일 만에 땅이 다시 붙었다"는 기록이, 779년(신라 혜공왕 15년) 3월 경주에서는 "지진이 발생하여 민가가 무너지고 사망자가 백여 명이 되었다"는 기록이 전해집니다.

고려 시대의 경우, 1012년(현종 3년) 3월과 12월, 이듬해 2월 등 1년 사이에 3차례나 경주에서 지진이 발생했고, 이어 13년 뒤인 1025년 4월과 다시 10년이 지난 1035(정종 원년) 9월에도 지진이 경주를 비롯한 여러 곳을 덮쳤다는 기록도 남아 있답니다.

조선 시대의 경우, 1518년(중종 13년) 7월 2일 "그 소리가 마치 성난 우레 소리처럼 커서 말이 모두 놀라 피하고 담장과 성 위에 낮게 쌓은 담이 무너지고 떨어졌으며, 도성 안 사람들이 어쩔 줄 몰라 당

황하여 제 집으로 들어가지 못한 채 밤새도록 노숙하였다. 노인들이 말하기를 지금껏 없던 일이라 하였는데, 팔도(八道)가 다 마찬가지였다."라는 지진 기록이 있습니다. 또 1643년(인조 21년) 7월 24일"울산에서는 땅이 갈라지고 물이 솟았으며 신시(오후 3시~5시)에 땅의 축이 크게 흔들려 마치 우레 소리 같았다. 또 관청 건물이 흔들리고 갈라져 무너질 듯 했다"는 기록도 있습니다. 이는 한반도에서 발생한 가장 큰 지진으로 짐작된다고 합니다.

특히, 조선 시대 중종 때의 지진 건수는 모두 464건으로 조선 시대를 통틀어 발생한 지진의 1/4을 차지한다고 합니다. 곧, 우리나라에서는 16~17세기에 지진 활동이 가장 활발했던 시기였던 셈입니다. 이에 따라 우리나라 역시 지진이 빈번하게 일어나는 시기가 있으며, 그 주기는 대략 400~1,000년으로 추정된다는 군요. 이에 따르면, 지금(20~21세기) 우리나라는 지진이 자주 발생하는 주기에 들어섰다는 겁니다. 그러니 여러분도 지진 대비 훈련을 게을리 하지 말고 몸에 잘 익혀야 합니다.

아참, 지진의 크기에 대하여 많은 사람들이 '규모(Magnitude)'와 '진도(Intensity)'를 혼동합니다. '규모(Magnitude)'란 지진의 절대적인 세기로서 지진 에너지를 측정해 계산됩니다. 흔히 말하는 'M5.8의 지진'이란 말은 이 규모(M) 값을 말합니다. 대표적인 것으로 리히터(릭터) 규모가 있습니다. 리히터 규모에서 1~1.9는 지진계가 감지할 수 있는 정도쯤 되고, 5~5.9는 약한 건물이 파손되는 등 작은 피해가 발생하는 정도쯤 됩니다. 이때 수치 1이 증가할 때마다 지진 에너지는 약 32배 증가한다는 사실도 알아두세요.

'진도(Intensity)'란 어떤 장소에서 느껴지는 지진의 상대적인 세기를 나타내는 것입니다. 관측자인 '자신'이 기준이기 때문에 멀리 떨어진 곳에서 발생한 지진은 제 아무리 강력해도 진도는 약하게 측정되겠지요? 우리나라 기상청에서 제공하는 진도의 기준을 보면, 진도 3은 건물 실내에서 현저히 느끼며 건물 위층에 있는 소수의 사람만이 느끼는 정도, 진도 5는 거의 모든 사람들이 진동을 느끼며 그릇이나 물건이 깨지기도 하는 정도 등으로 정해 놓고 있습니다.

그렇다면, '리히터 지진계로 진도 9.0의 지진'이란 말은 맞는 표현일까요, 틀린 표현일까요? 물론 틀린 표현입니다! '리히터 규모 9.0의 지진'이란 말이 정확한 표현이지요. 더구나 리히터라는 사람은 척도만 만들었지 지진계를 만들지도 않았으니 '리히터 지진계'라는 말조차도 틀렸지요. 이처럼 제대로 알아야 세상을 맑게 볼 수 있다는 점, 늘 잊지 말고 사세요.^^

셋

국토의 기후 환경과 우리 생활

기후는 지구상 모든 생명체의 생존에 큰 영향을 끼치는 자연환경입니다.
특히, 기후 환경과 우리 생활 사이에는 밀접한 관계가 있습니다.
그렇다면 우리 국토의 기후 환경은 어떤 특징이 있고,
우리 생활과는 어떤 관계가 있는지 살펴볼까요?

17 우리 국토의 기후 유형

기후는 우리 생활에 가장 큰 영향을 끼치는 환경입니다. 기후에 따라 생산 활동이 달라지고, 살아가는 방식도 달라지기 때문입니다. 세계에는 다양한 기후가 존재합니다. 그럼, 우리 국토에는 어떤 기후가 나타나는지 알아볼까요?

act 1 날씨와 기후 구분하기

다음 자료들은 날씨와 기후 중에서 각각 무엇에 해당할까요?

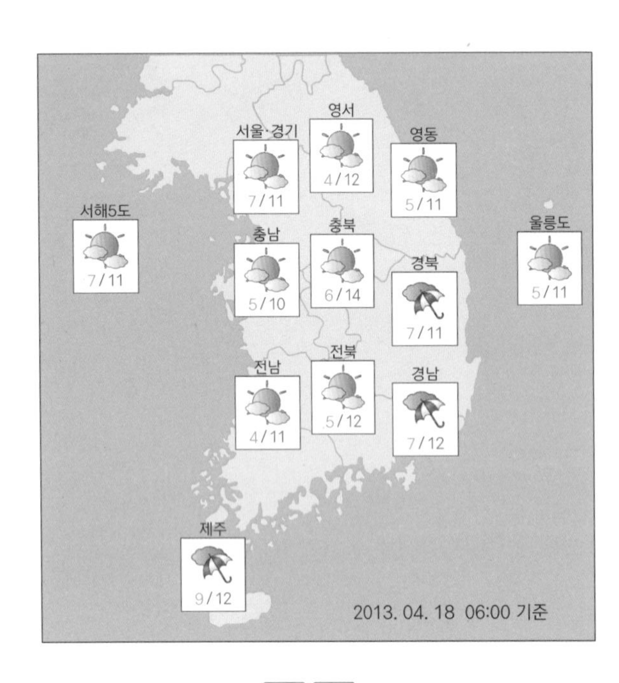

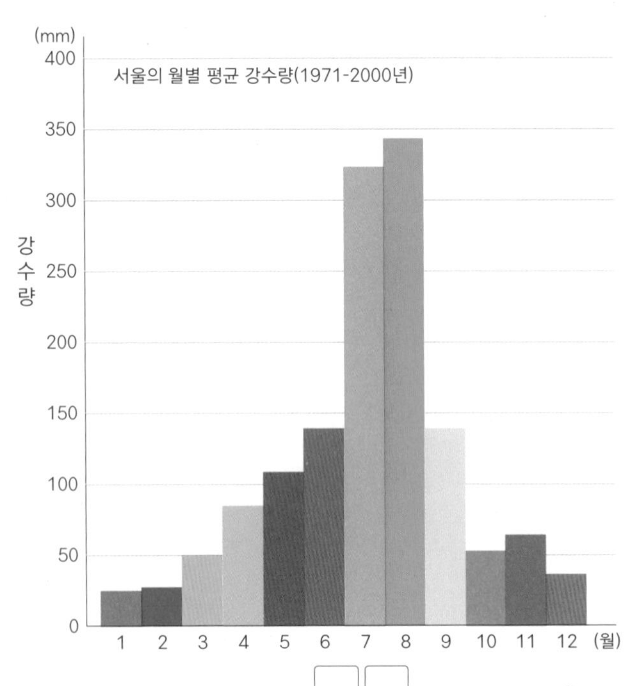

잠깐만요

날씨는 그날그날의 비, 구름, 바람, 기온의 상태를 말하고, 기후는 일정한 지역에서 여러 해에 걸쳐 나타난 기온, 강수, 바람의 평균 상태를 말합니다.

act 2 기온, 기상, 기후 구분하기

서로 관계 깊은 것끼리 이어보세요.

① 기상 ●	● 대기 온도 ●	● 공기 기(氣) + 모양 상(象)
② 기온 ●	● 대기 상태 ●	● 공기 기(氣) + 따뜻할 온(溫)
③ 기후 ●	● 어떤 장소에서 해마다 되풀이되는 대기의 평균 상태 ●	● 공기 기(氣) + 계절 후(候)

act 3 세계의 기후 분포 살펴보기

다음은 세계의 기후 지도입니다. 물음에 알맞은 말을 □ 안에 넣거나 ○표 하세요.

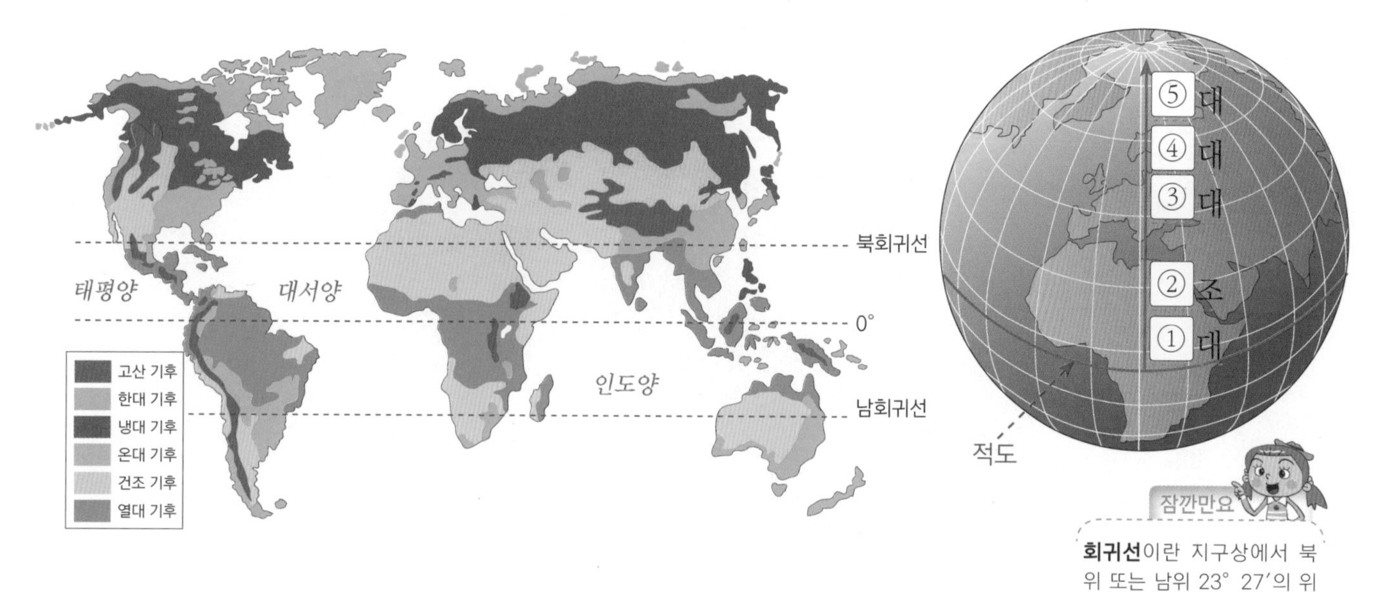

잠깐만요

회귀선이란 지구상에서 북위 또는 남위 23° 27′의 위선을 말합니다. 태양은 하지(6월 22일경)때 북회귀선 상에서 머리 위에 수직으로 떠 있고, 동지(12월 22일경)때는 남회귀선 상에서 머리 위에 수직으로 떠 있습니다. 지구를 중심으로 본다면 태양은 이 두 선 사이를 왔다갔다 합니다. 회귀란 한바퀴 돌아 제자리로 돌아간다는 뜻입니다. 회귀선 일대는 연중 고기압이 발달하여 비가 거의 오지 않는 맑은 날씨가 일년 내내 이어집니다. 그래서 사막과 같은 건조 기후가 나타납니다.

1 세계에는 모두 몇 가지 유형의 기후가 분포하고 있나요? □가지

2 적도를 따라 널리 나타나는 기후는 □□ 기후, 회귀선을 따라 가장 널리 나타나는 기후는 □□ 기후입니다.

3 위 지도를 바탕으로 적도에서 극지방으로 가면서 나타나는 기후를 순서대로 쓰세요.

① : □대 ② : □조 ③ : □대 ④ : □대 ⑤ : □대

기후의 구분과 특징

- **열대** : 가장 추운 달의 기온이 18℃ 아래로는 떨어지지 않는 기후를 말합니다. 열대를 대표하는 야자수 나무는 최소한 18℃ 이상은 되어야 자라거든요.
- **건조** : 일 년 동안 내린 비와 눈을 모두 합쳐도 그 양이 500㎜가 안 되는 기후를 말합니다. 일 년에 적어도 500㎜ 이상의 비가 내려야만 나무가 자랄 수 있거든요.
- **온대** : 가장 추운 달이 -3℃ 이상 되는 기후를 말합니다. 그 정도는 되어야 겨울이라 하더라도 땅이 완전히 얼지는 않거든요.
- **냉대** : 가장 추운 달이 -3℃도 채 안 되고, 가장 더운 달이 10℃ 이상은 되는 기후랍니다. 겨울에 기온이 -3℃보다 낮으면 땅은 계속 얼어 있는 상태가 되고, 여름에 10℃ 이상이라면 나무가 자랄 수 있거든요.
- **한대** : 가장 더운 달이 10℃도 채 안 되는 기후입니다. 여름 기온이 10℃도 안 되면 나무가 더 이상 자랄 수는 없거든요. 나무는 물이 너무 적어도, 온도가 너무 낮아도 자랄 수 없습니다.

이처럼 지구상의 기후는 식물이 자라는 데 꼭 필요한 기온과 강수량, 이 두 가지 기준을 가지고 나눈 것이랍니다.

act 4 우리 국토의 기후 유형 알아보기

다음 지도를 보고, 물음에 답하거나 알맞은 말을 □ 안에 쓰세요.

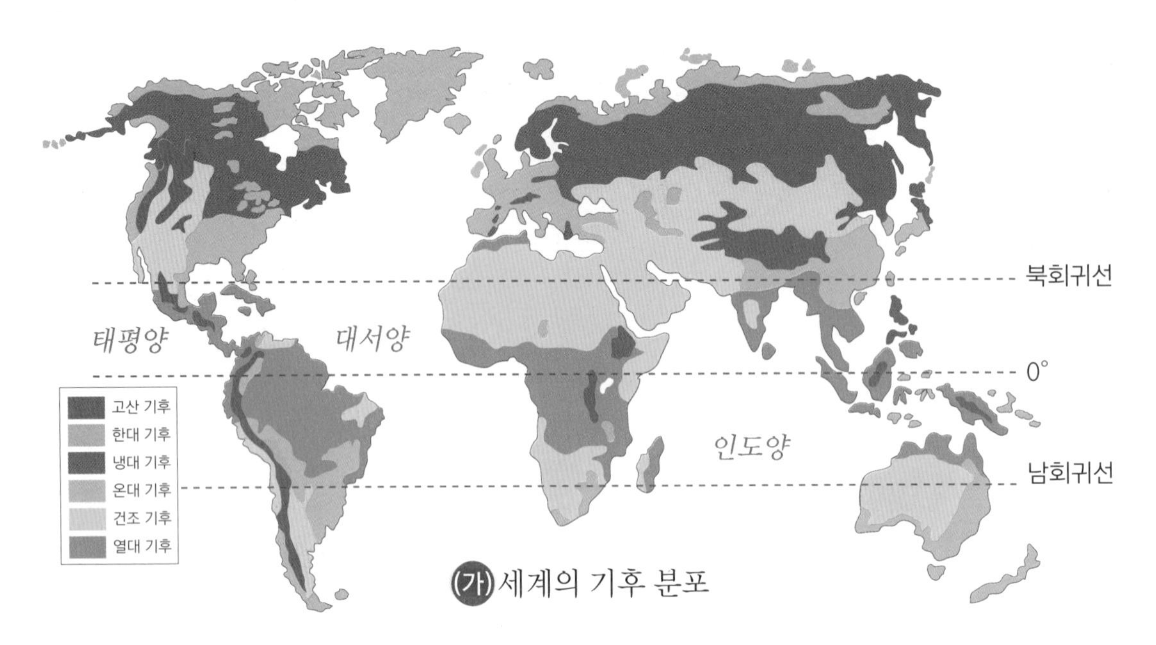

(가) 세계의 기후 분포

(나) 우리 국토의 기후 분포

1 (가), (나) 지도를 자세히 살펴보세요. 우리 국토는 어떤 기후에 속할까요? □대와 □대

2 온대와 냉대를 나누는 기준은 가장 추운 달(최한월)의 평균기온 '-□℃' 선입니다.

3 이 기준에 따르면 국토의 중부에 위치한 서울은 □대, 남부에 자리 잡은 부산은 □대에 속한다고 할 수 있습니다.

4 냉대 기후 지역은 파란색, 온대 기후 지역은 초록색으로 칠해 보세요.

잠깐만요

가장 추운 달이 북반구에서는 1월이지만 남반구에서는 7월입니다. 반대로 가장 더운 달의 경우 북반구에선 7월, 남반구에선 1월에 나타납니다. 그렇지만 7월에 장마가 있는 우리 국토에서는 가장 더운 달(최난월)이 8월이랍니다.

act 5 한반도 주변의 기단 특성 살펴보기

다음 그림은 한반도 주변에 자리 잡고 있는 기단의 모습입니다. 물음에 답하거나 알맞은 말을 □ 안에 쓰세요.

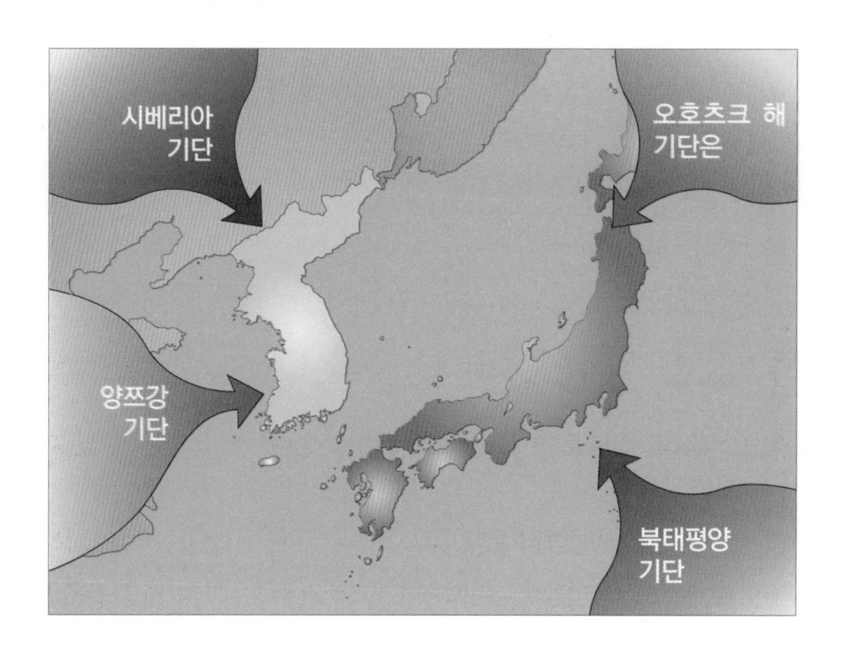

1 기단이란 '같은 성질을 지니는 거대한 대기 덩□□'를 말합니다. 공기 '기(氣)', 덩어리 '단(團)'자를 합친 말입니다. 기단은 어디에서 생겼느냐에 따라 각자 독특한 성질을 띱니다. 예를 들면, 북쪽에서 생긴 기단은 기온이 (낮, 높)지만, 남쪽에서 만들어진 기단은 (낮, 높)습니다. 또 대륙에서 발달한 기단은 (건조, 다습)하지만, 해양에서 형성된 기단은(건조, 다습)합니다.

2 그림을 바탕으로 네 기단의 위치와 성질을 추리하여 이어보세요.

① 시베리아 기단은 •	• 남쪽에 있고, 대륙에 위치하여 •	• 따뜻하고 메마르다. (온난건조)
② 오호츠크 해 기단은 •	• 남쪽에 있고, 해양에 위치하여 •	• 따뜻하고 축축하다. (고온다습)
③ 양쯔 강 기단은 •	• 북쪽에 있고, 대륙에 위치하여 •	• 서늘하고 촉촉하다. (냉량습윤)
④ 북태평양 기단은 •	• 북쪽에 있고, 해양에 위치하여 •	• 차고 메마르다. (한랭건조)

3 네 기단의 성질을 바탕으로 각 기단은 우리의 어느 계절에 더 큰 영향을 줄지 추리해 보세요.

① 시베리아 기단은 : □□

② 오호츠크 해 기단은 : 늦□ ~ 초□□

③ 양쯔 강 기단은 : □과 가□

④ 북태평양 기단은 : □□

18 우리 국토의 기온 분포 특성

기온은 기후를 구성하는 가장 중요한 요소입니다.
기온은 위도를 비롯한 여러 조건의 영향을 받으며 질서있게 나타납니다.
그럼, 우리 국토의 기온 분포에는 어떤 특성이 나타나는지 살펴볼까요?

act 1 기후를 이루는 세 가지 요소 알아보기

다음 그림은 기후를 이루는 세 가지 요소를 나타냅니다. □ 안에 알맞은 말을 쓰세요.

① 기□: 대기 온도를 말함.
② 바□: 대기의 움직임을 뜻함.
③ 강□: 구름에서 떨어진 모든 물을 말함.

act 2 등온선 그리기

등온선이란 기온이 같은 지점을 연결한 선입니다. 아래의 숫자는 어떤 지역의 기온입니다. 기온이 같은 지점(•)을 찾아 곡선으로 부드럽게 이어보세요.

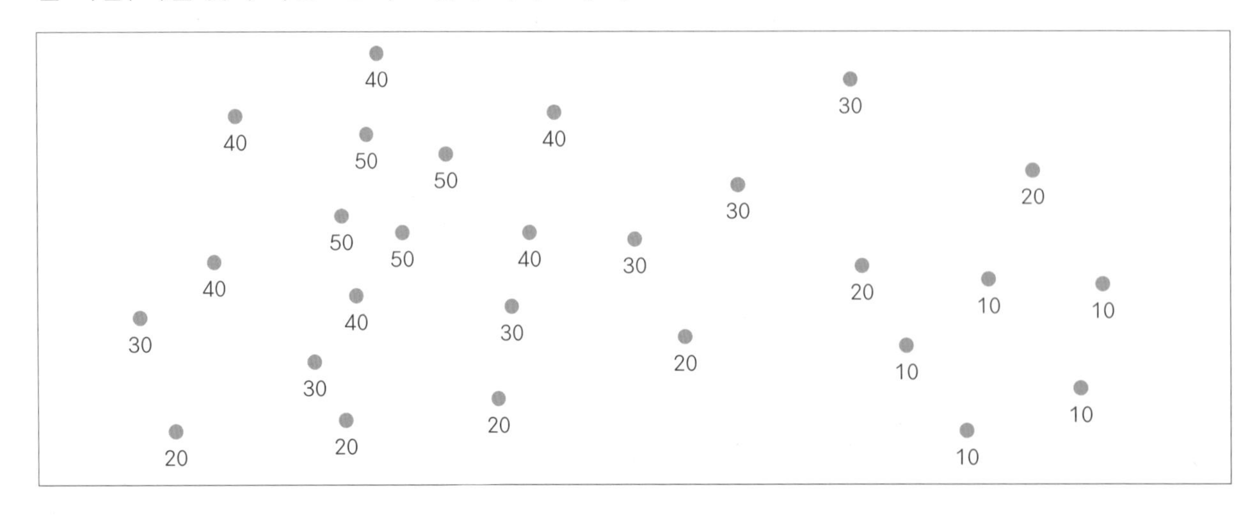

act 3 국토의 등온선 그리기

다음 지도는 몇몇 지점의 기온 분포를 나타냅니다. 물음에 답하세요.

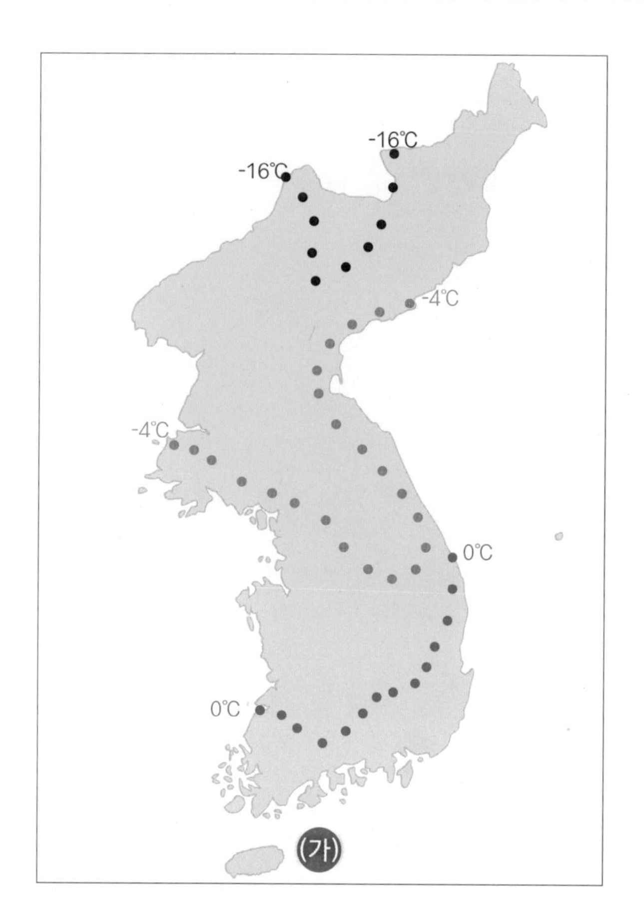

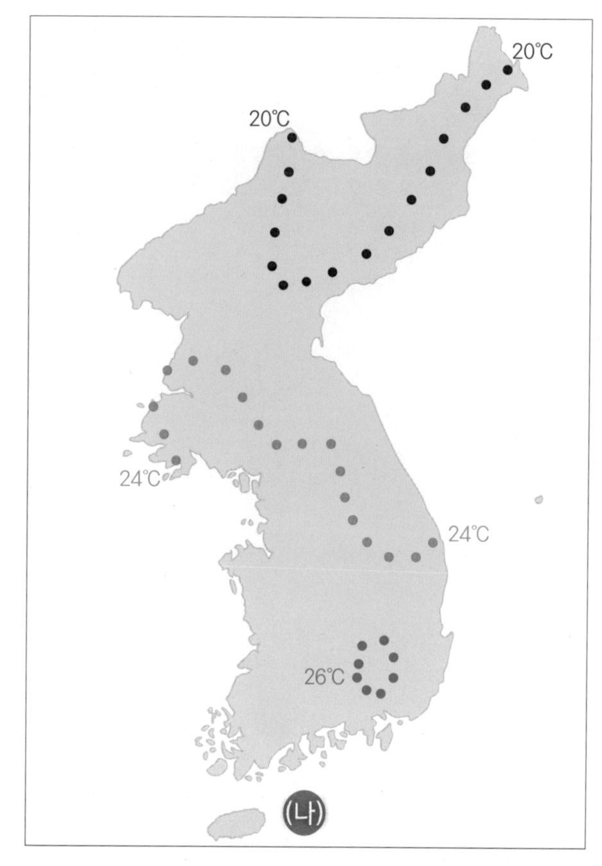

1 '분포'란 무엇이 땅위에 흩어져 퍼져 있는 모습을 말합니다. 나눌 분(分), 퍼질 포(布)자가 합쳐진 말입니다. 다음은 여러 모양의 분포를 보여줍니다. 알맞은 것에 ○표 하세요.

(선, 원) 분포	(선, 원) 분포	(모임, 흩어짐)	(집중, 분산)

2 다음의 등온선을 그려보세요.

(가) 지도 : −16℃선, −4℃선, 0℃선

(나) 지도 : 20℃선, 24℃선, 26℃선

3 다음을 색칠해 보세요.

① (가)의 0℃선 남쪽 전체 : 빨강, −16℃선 북쪽 전체 : 파랑

② (나)의 26℃선 안쪽 전체 : 빨강, 20℃선 북쪽 전체 : 파랑

act 4 국토의 계절별 기온 분포 특성 알아보기

다음 지도 (가), (나)를 보고, 물음에 답하거나 알맞은 말을 □ 안에 쓰세요.

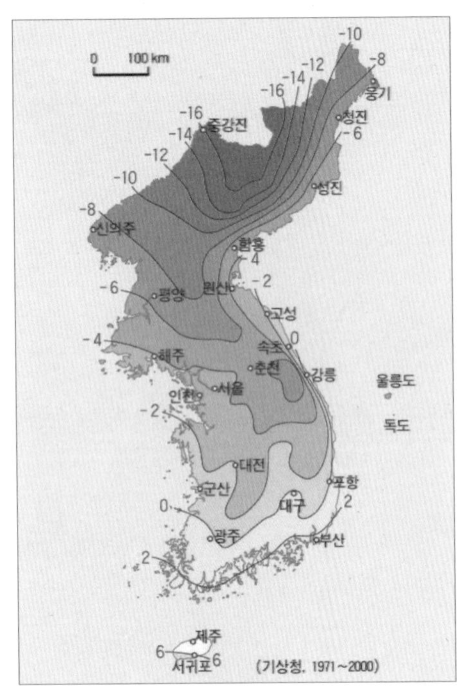

(가)

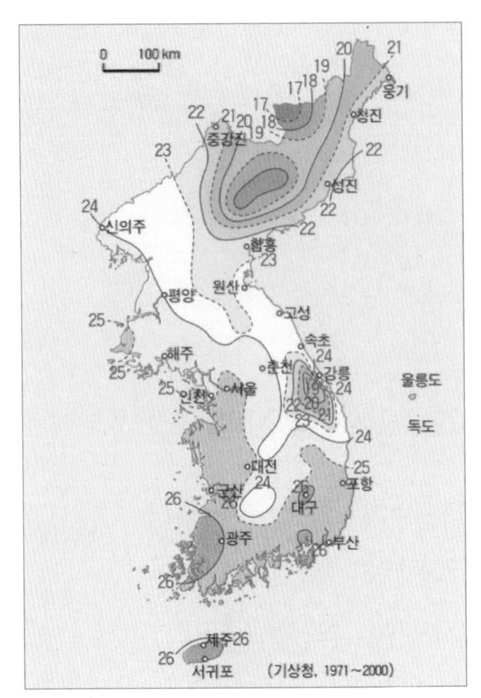

(나)

1 지도에 표시된 기온을 바탕으로 (가), (나)의 제목을 추리해 이어보세요.

(가) ● ● 1월 평균 기온 분포(겨울)

(나) ● ● 8월 평균 기온 분포(여름)

2 다음 장소들의 기온은 몇 도(℃)일까요?

장소	겨울(℃)	여름(℃)	겨울과 여름 간 기온 차
① 중강진	-□□	21	37
② 평양	-7	□□	□□
③ 서울	-3	25	□□
④ 대전	-□	25	□□
⑤ 서귀포	□	26	20

3 위 표에서처럼 우리 국토의 계절별 기온 분포를 살펴보면, 겨울과 여름 간 기온 차가 중강진의 경우 무려 □□℃, 서귀포의 경우는 □□℃에 이르러 계절별로 큰 차이가 나타나는 특징이 있습니다.

기온 그래프 그리기

<자료 1>을 바탕으로 <그림 1>에 꺾은선 그래프를 완성하세요.

<자료 1> 서울, 런던, 서귀포의 월평균 기온(1981-2010)

장소	1월	2월	3월	4월	5월	6월	7월	8월	9월	10월	11월	12월
서울	-2.4	0.4	5.7	12.5	17.8	22.2	24.9	25.7	21.2	14.8	7.2	0.4
런던	3.8	4.0	5.8	8.0	11.3	14.4	16.5	16.2	13.8	10.8	6.7	4.7
서귀포	6.8	7.8	10.6	14.8	18.6	21.7	25.6	27.1	23.9	19.3	12.1	9.3

<그림 1> 서울, 런던, 서귀포의 월평균 기온 그래프

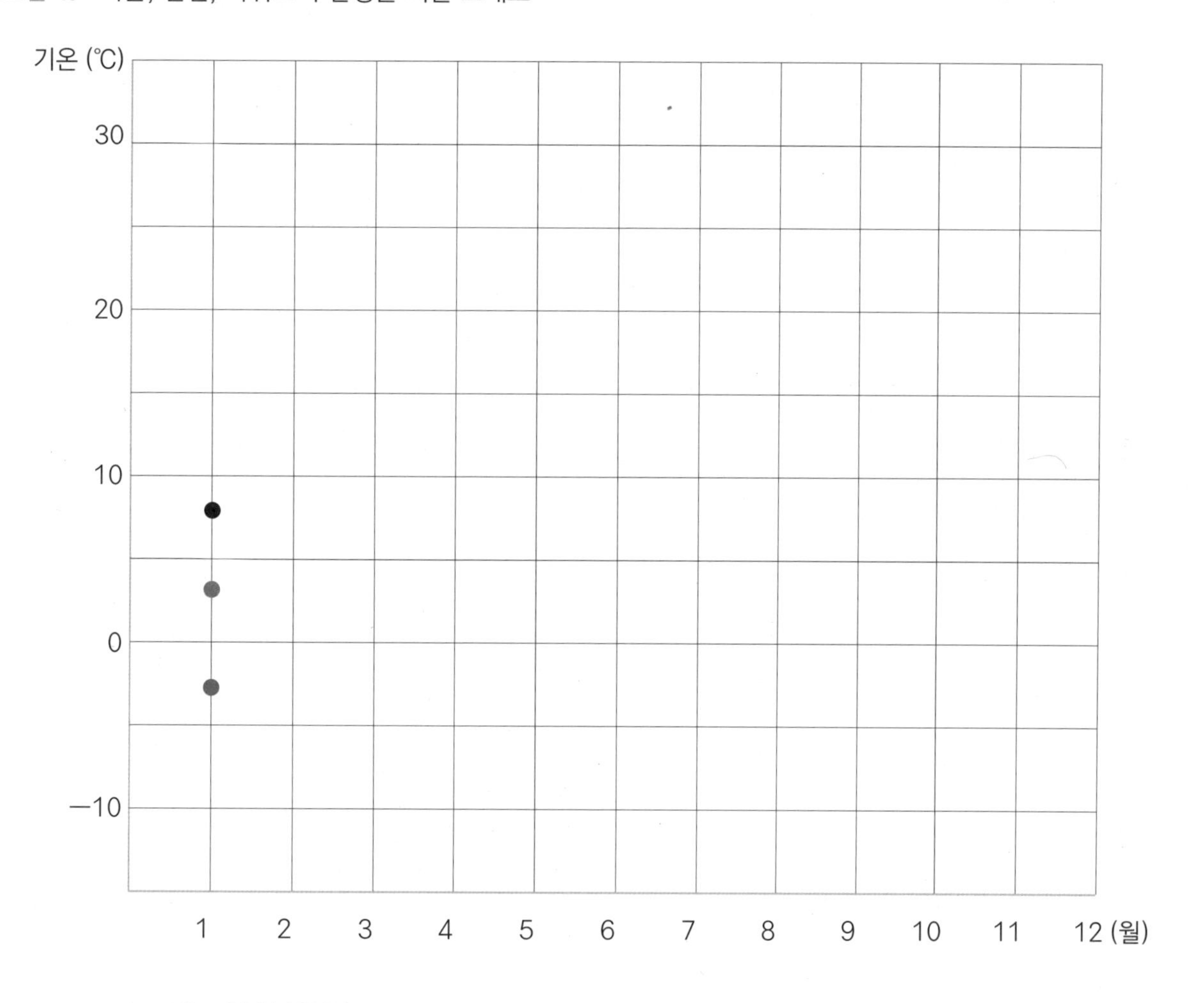

| 그래프 작성 방법 |

① 먼저 <자료 1>에서 해당 월의 기온 값을 그래프에 점(●)으로 표시하세요.
② 1월부터 차례로 달과 달 사이의 점을 직선(—)으로 이으세요.
③ 서울 : 빨간색, 런던: 파란색, 서귀포 : **검은색**으로 점과 선을 표시하세요.

계절별 기온차가 큰 까닭 알기 1

다음 자료를 보고 물음에 알맞은 말을 □ 안에 쓰거나 ○표 하세요.

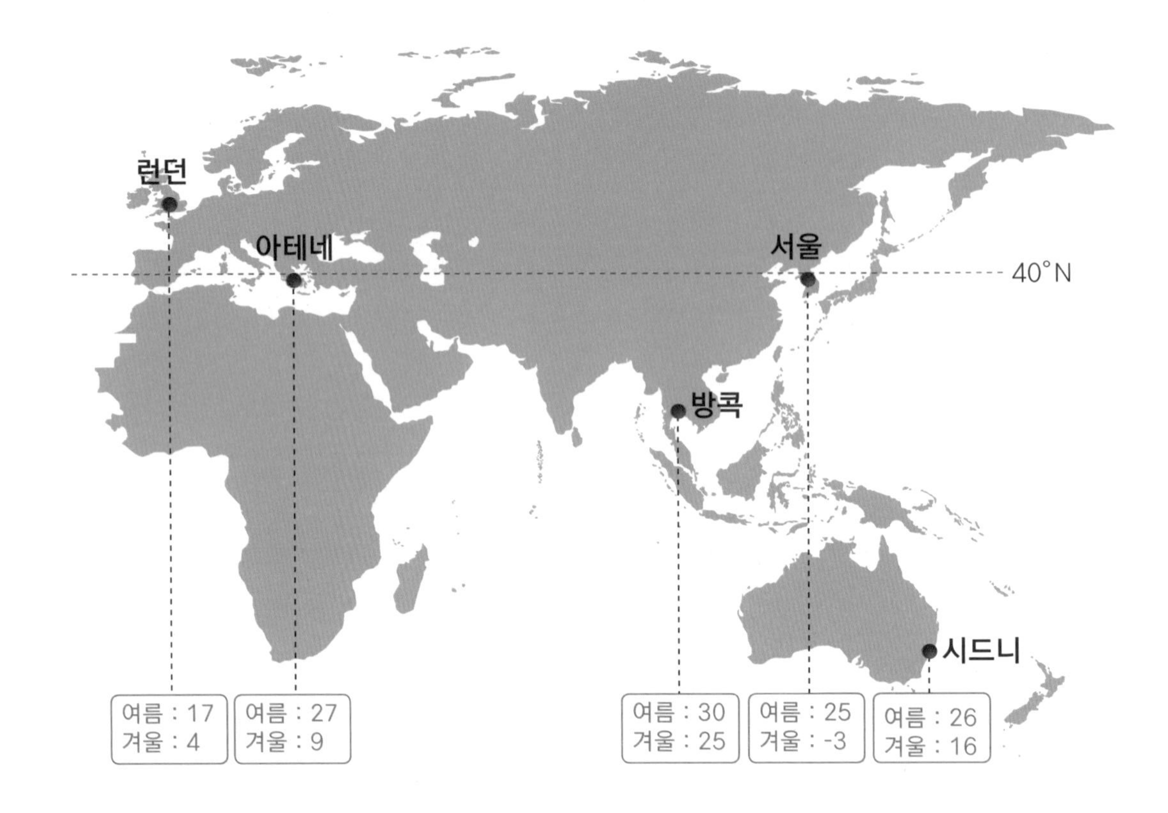

1 다음 도시의 여름과 겨울 사이의 기온 차이는 얼마인가요?

① 런던 : 17－4= □□

② 아테네 : 27－9= □□

③ 방콕 : 30－25 = □

④ 시드니 : 26－16 = □□

⑤ 서울 : 25－(영하 3) = 28

2 우리 국토는 다른 나라보다 여름과 겨울 사이의 기온 차이가 (적게, 크게) 나타나는 것이 특징입니다.

지도에서 서울을 제외한 네 지역의 기온을 살펴보면 한 가지 공통점을 발견할 수 있는데, 겨울철 평균 기온이 영하로 떨어지지 않는다는 것입니다. 이것은 겨울에도 날씨가 우리나라처럼 매섭게 춥지 않다는 걸 의미합니다. 그래서 이들 지역은 우리나라만큼 여름과 겨울의 기온 차가 크지 않습니다.

계절별 기온차가 큰 까닭 알기 2

다음 자료를 보고 물음에 알맞은 말에 ○표 하세요.

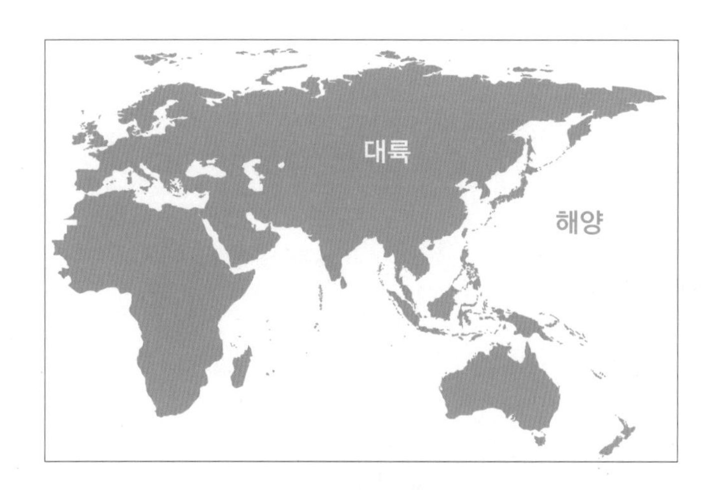

(가) 겨울철 기단 분포 (나) 여름철 기단 분포

1 흙으로 이루어진 대륙은 빨리 데워지고 빨리 식지만, 물로 이루어진 해양은 천천히 데워지고 천천히 식습니다. 그래서 대륙은 여름과 겨울 사이의 기온차가 크게 나타납니다. 이처럼 여름과 겨울 사이에 기온차가 크게 나타나는 기후에 대하여 대륙의 성질을 닮았다는 뜻에서 '대륙성' 기후, 적게 나타나는 기후에 대하여 해양을 성질을 닮았다는 뜻에서 '해양성' 기후라고 합니다.

따라서 우리 국토는 기온의 측면에서 본다면, 여름과 겨울 사이의 기온차가 크기 때문에 (대륙성, 해양성) 기후라는 특성을 지닙니다.

2 우리 국토가 겨울과 여름 사이에 기온 차이가 큰 까닭은 위 그림에서처럼 겨울철에는 차가운 (시베리아, 북태평양)기단이, 여름철에는 무더운 (시베리아, 북태평양)기단이 한반도 일대를 덮기 때문입니다. 곧, 계절마다 서로 다른 성질의 기단이 영향을 주기 때문입니다.

act 8 남북 간 기온 분포 특성 알기

다음 지도 (가), (나)는 각각 1월과 8월의 남북 간 기온 분포를 보여줍니다. 물음에 알맞은 말을 □ 안에 넣거나 ○표 하세요.

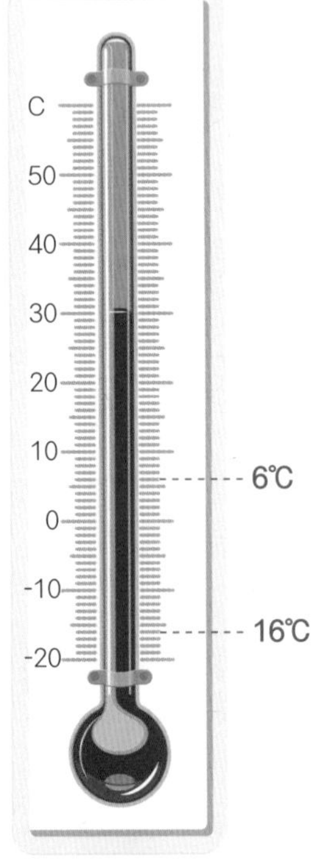

1 우리 국토의 기온 분포는 겨울철이나 여름철 모두 남에서 북으로 갈수록 점점 (낮, 높)아지는 특징이 있습니다. 그 까닭은 위도가 높아질수록, 곧 북쪽으로 갈수록 태양열을 (적게, 많이) 받기 때문입니다.

2 겨울에 중강진과 제주 사이의 기온 차이는 얼마일까요?

영하 16℃ - 영상 6℃ = □□℃ 차이

3 중강진과 제주 사이에 기온차가 크게 나타나는 까닭은 무엇일까요?

"중강진은 (북, 남)쪽에 있는 데다가 바다로부터 (가까이, 멀리) 떨어져 있고, 제주는 (북, 남)쪽에 있는 데다가 바다에 (가까운, 먼) 섬이기 때문입니다."

act 9 동서 간 기온 분포 특성 알기

다음 지도는 겨울철 서해안과 동해안 사이의 기온 차이를 보여줍니다. 물음에 알맞은 말을 □ 안에 넣거나 ○표 하세요.

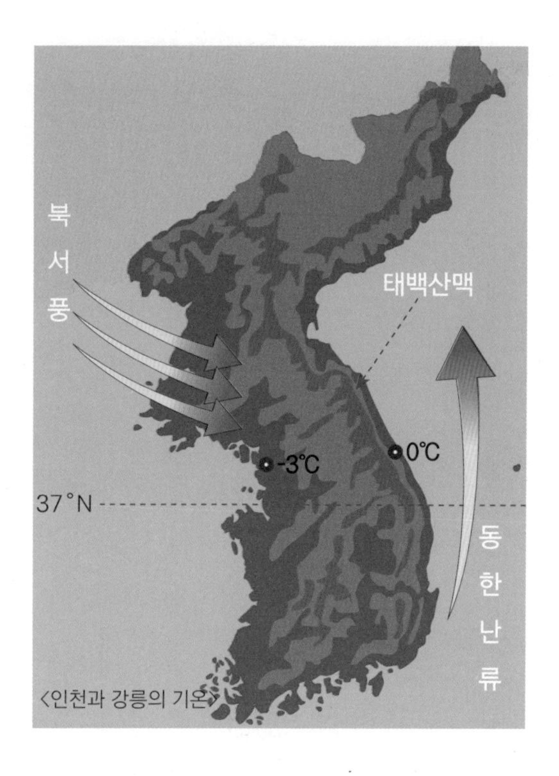

1 인천과 강릉 사이의 기온 차이는 얼마인가요? 영하 3℃ - 0℃ = □℃ 차이

2 인천과 강릉의 위도는 (비슷한, 차이가 큰)데도 겨울철 기온은 두 지방 사이에 제법 큽니다.

3 겨울철에 동해안이 서해안보다 기온이 높은 까닭은 무엇일까요? "서해안은 겨울철에 차가운 북서풍을 직접 맞지만, 동해안은 북서풍이 '□□산맥'을 넘어 불어오고 동해 바다에는 따뜻한 '동한□□'가 흘러 영향을 주기 때문입니다."

잠깐만요

동한 난류(東韓暖流)는 동해에 흐르는 따뜻한 성질의 해류(海流)입니다. 해류는 일정한 방향으로 흐르는 바닷물을 말하는데, 동한 난류는 대한해협에서 시작해서 북위 40° 선까지 흐릅니다.

act 10 고도와 기온 분포 사이의 관계 알기

다음 지도는 여름철 서울과 대관령 일대의 기온 분포를 보여줍니다. 물음에 알맞은 말을 □ 안에 넣거나 ○표 하세요.

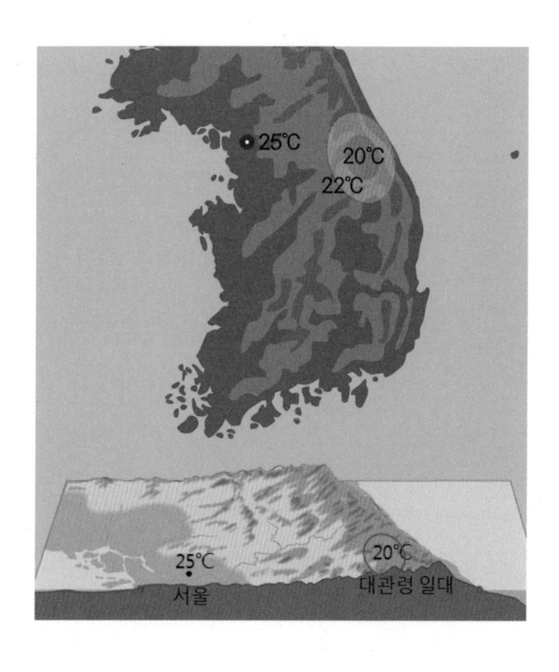

1 서울과 대관령 일대 사이의 기온 차이는 얼마인가요? 25℃ - 20℃ = □℃ 차이

2 고도가 100m 높아질 때마다 기온은 대략 0.5℃씩 감소합니다. 그렇다면 (가)지점에서 기온은 얼마일까요?

□□℃

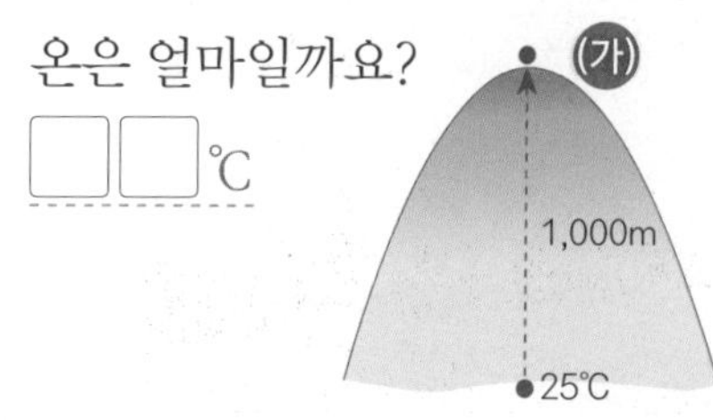

3 대관령 일대의 기온이 낮은 까닭은 (위도, 고도)가 높기 때문입니다.

19 기온과 우리 생활 사이의 관계

기온은 기후를 이루는 가장 중요한 요소입니다.
기온에 따라 복장이나 집의 모습이 달라지고, 농작물 재배도 달라집니다.
그럼 기온과 우리 생활 사이에는 과연 어떤 관계가 있는지 알아볼까요?

act 1 기온과 농사일 사이의 관계 알기

다음 자료를 보고, 물음에 알맞은 말을 □ 안에 넣거나 ○표 하세요.

1 제주도의 한라산은 고도가 높아 영하로 떨어지는 일이 많습니다. 온도가 떨어지면 공기는 무거워져서 그림처럼 천천히 (낮은, 높은) 지대로 흘러 내려옵니다. 바람이 약한 겨울밤에 소리 없이 내려오는 이 공기 흐름을 제주도에서는 'ᄂᆞᄅᆞᆺ'(나릇이라고 읽습니다.)이라고 합니다.

2 차밭에 이런 찬 공기가 흘러들면 차는 얼어 죽습니다. 차는 따뜻한 성질의 작물이기 때문입니다. 이때 바닥에 깔린 차가운 공기를 사진처럼 바람개비로 흔들어 섞어주면 그 피해를 (막을, 키울) 수 있습니다. 그래서 높은 산의 산허리에 자리 잡은 녹차 밭에는 바람개비를 세운답니다.

기온과 상품 판매량 사이의 관계 알기

다음 자료를 보고, 물음에 알맞은 말을 □ 안에 쓰거나 ○표 하세요.

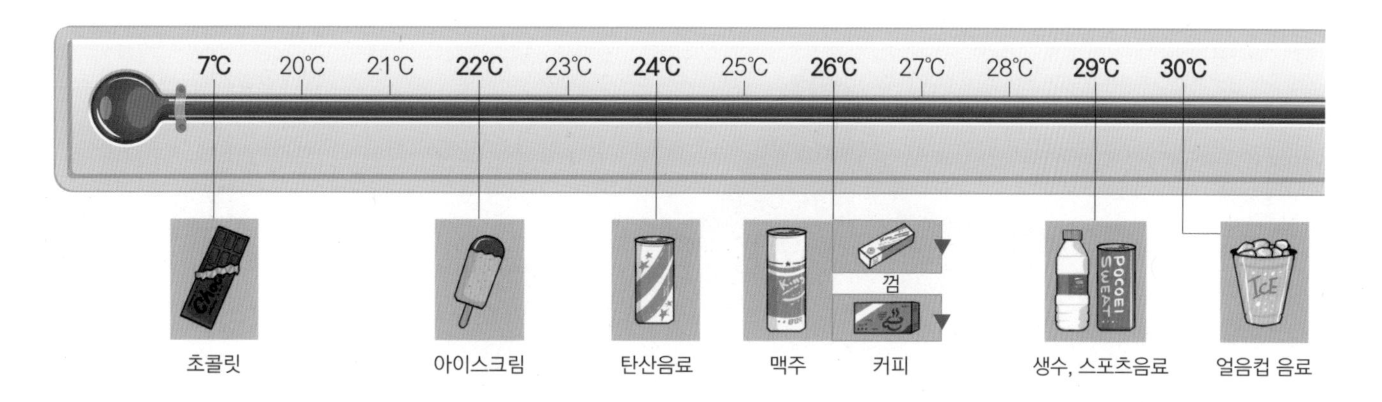

1 위 자료는 어느 편의점에서 조사한 것으로 기온과 상품 판매 사이의 관계를 보여줍니다. 예를 들면 아이스크림은 낮 최고 기온 22℃를 넘으면 더 잘 팔리고, 껌은 26℃를 넘으면 오히려 잘 안 팔린다는 것(▼)을 알 수 있습니다. 그렇다면 다음 상품들은 몇 도 (℃)를 넘어야 더 많이 팔리나요?

① 탄산음료 : □□℃　　② 맥주 : □□℃　　③ 스포츠음료 : □□℃

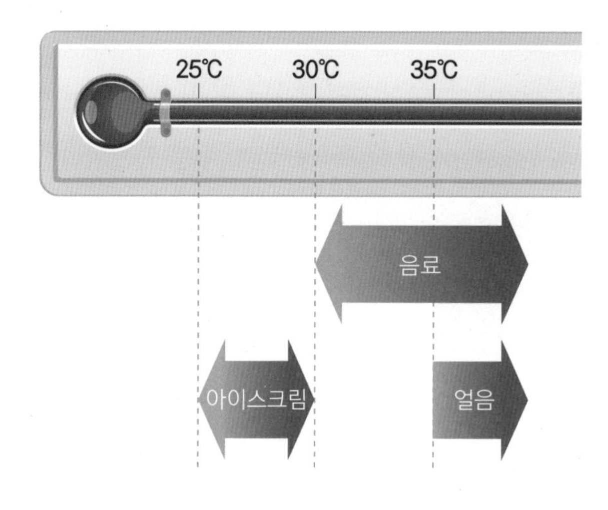

2 왼쪽의 자료도 어느 편의점에서 조사한 기온과 상품 판매 사이의 관계를 나타냅니다. 만약 여름철 기온이 33℃로 예보되었다면, 이 표를 바탕으로 했을 때 어떤 상품을 더 준비하는 것이 판매하는 데 유리할까요?

□□

3 오른쪽 자료는 겨울철 기온에 따라 잘 팔리는 상품을 나타냅니다. 떡볶이가 잘 팔리는 기온은 □°~□℃ 사이일 때입니다.

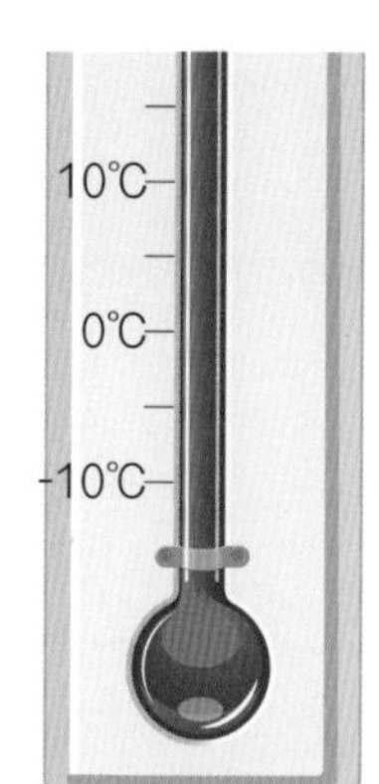

4℃	초콜릿, 어묵
2℃	떡볶이, 초콜릿
0℃	비스킷, 스낵, 떡볶이, 두부
-2℃	차, 비스킷, 스낵
-4℃	차

act 3 인간 활동이 기온에 끼치는 영향 알기

다음은 서울의 기온 분포 자료입니다. 물음에 알맞은 말을 □ 안에 쓰거나 ○표 하세요.

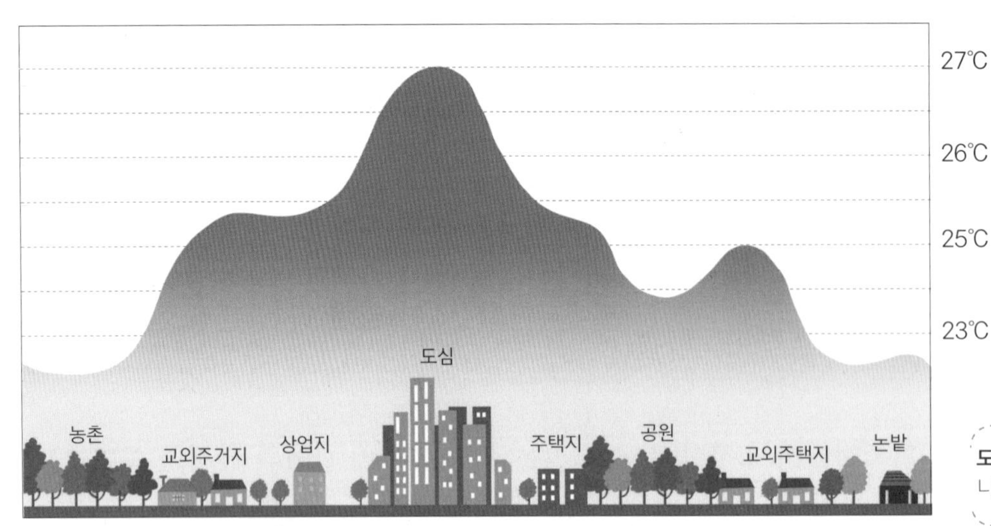

(가) 대도시 일대의 여름철 기온 분포

잠깐만요
도심은 도시 중심부를 뜻합니다.

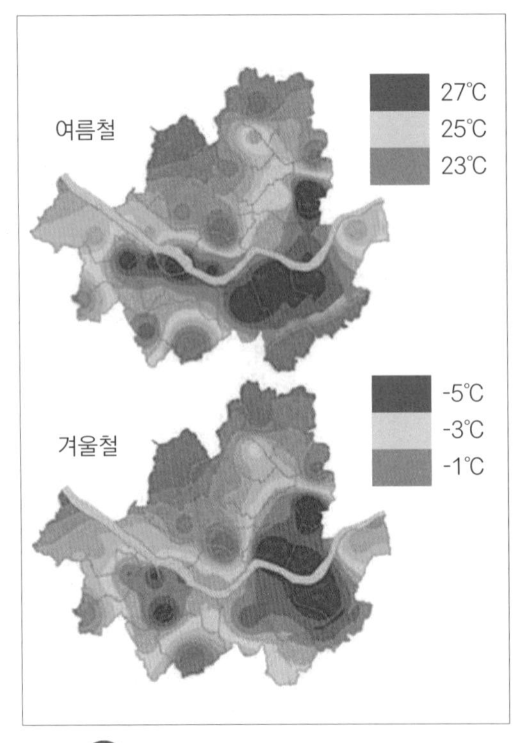

(나) 서울시의 여름철과 겨울철 평균 기온 분포

1 (가), (나) 자료를 바탕으로 여름철 서울의 도심은 주변 농촌보다 대략 몇 도(℃)나 더 높은가요? □□℃ - 23℃ = □℃

2 (가) 그림에서 도시 안에 있는 공원은 주변 주택지나 도심보다 기온을 (낮추는, 높이는) 것을 알 수 있습니다.

3 도심의 기온은 주변 농촌보다 높은데, 마치 열덩이가 섬처럼 나타난다고 해서 이것을 '□□현상'이라고 합니다. 이런 현상은 (나)그림에서 알 수 있는 것처럼 (여름에만, 겨울에만, 두 계절 모두) 나타납니다. 그 까닭은 대도시의 땅은 고층빌딩, 콘크리트, 아스팔트로 덮여 쉽게 가열되고, 냉난방 시설이나 자동차 등에서 (인공열, 자연열)을 많이 내뿜기 때문입니다.

20 우리 국토의 강수 분포 특성

강수는 기온과 함께 기후를 구성하는 아주 중요한 요소입니다.
강수는 지형을 비롯한 여러 조건의 영향을 받아 장소마다 차이가 크게 나타납니다.
그럼, 우리 국토의 강수 분포에는 어떤 특성이 나타나는지 살펴볼까요?

act 1 빗물을 재던 조상들의 도구 살펴보기

다음 사진을 보고, 물음에 알맞은 말을 □ 안에 쓰거나 ○표 하세요.

1 돌로 만든 받침대 위에 있는 원통 모양의 도구는 무엇일까요?

측□기

2 주로 무엇을 재기 위한 도구였을까요?

"(빗물, 강물)의 양을 재기 위한 것이었습니다."

act 2 강수량과 강우량의 구분하기

1 다음 한자를 우리말로 □ 안에 쓰고, 서로 관계 깊은 것끼리 이어보세요.

① 降水量(□□량) •	• 내릴 강(降) 비 우(雨) •	• 오로지 비로 내린 것만을 모아 잰 값
① 降雨量(□□량) •	• 내릴 강(降) 물 수(水) •	• 비, 눈, 우박 등 구름에서 떨어져 물이 된 모든 물질을 모아 잰 값

2 강수량과 강우량의 포함 관계를 생각하여 알맞은 말을 □ 안에 쓰세요.

강 ① 량

강 ② 량

act 3 연도별 강수량 분포의 특징 살펴보기

다음 그래프를 보고, 물음에 알맞은 말을 □ 안에 쓰거나 ○표 하세요.

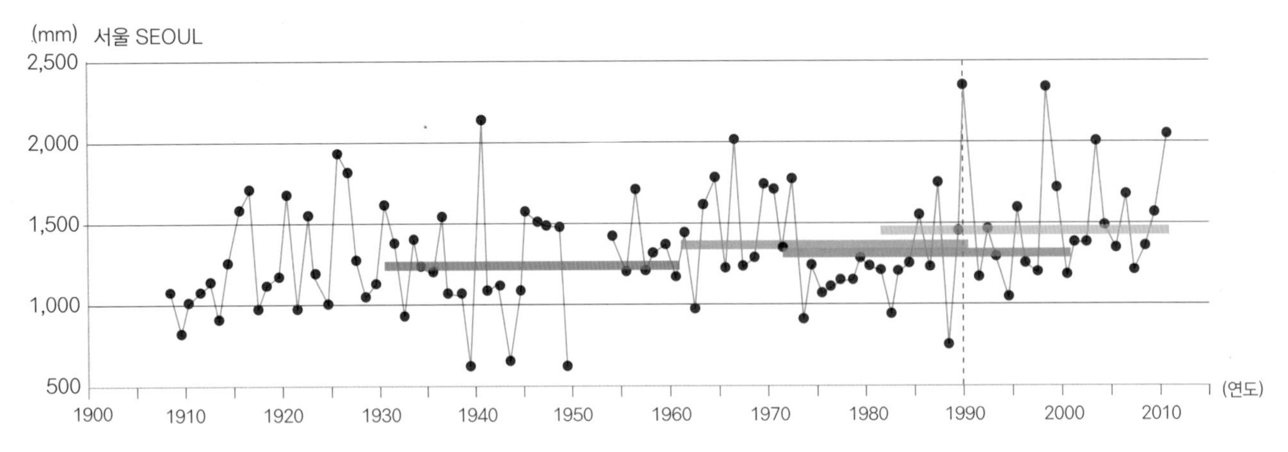

(가) 서울의 연도별 강수량 변화(지난 30년간 평균 1,455mm)

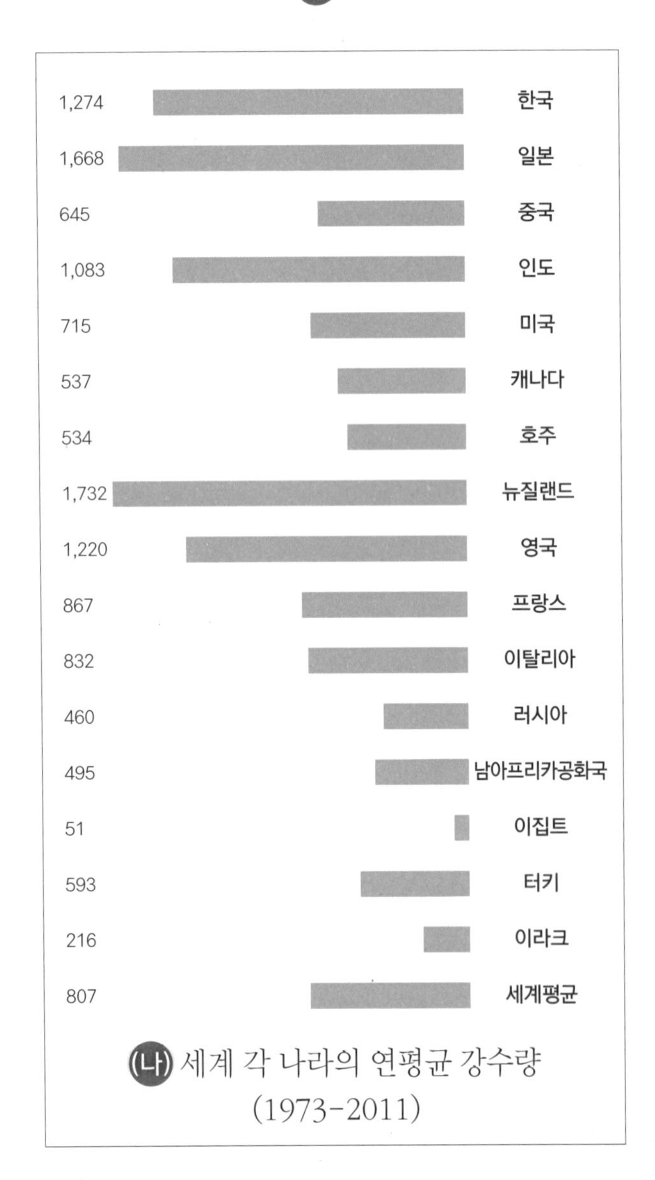

(나) 세계 각 나라의 연평균 강수량 (1973-2011)

1 그래프 (가)에서 다음 연도들의 강수량은 얼마인가요?

① 1990년도 : □,355.5mm

② 1989년도 : □,437.1mm

③ 1988년도 : 760.8mm

2 그래프 (나)를 보고, □ 안에 알맞은 숫자를 쓰세요.

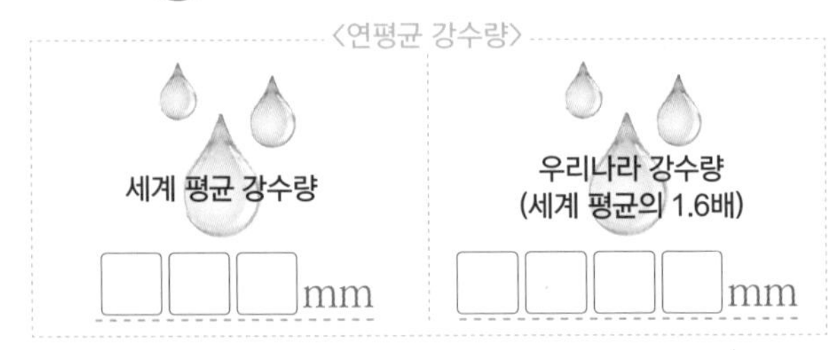

3 이처럼 우리 국토의 강수량은 세계 평균보다 많습니다. 그래서 우리 국토는 강수 면에서 (건조, 습윤) 기후에 속합니다. 그렇지만 해마다 강수량이 (안정되어 있다는, 변동이 크다는) 점이 특징입니다.

잠깐만요

건조라는 말은 마를 '건(乾)', 마를 '조(燥)' 자를 합친 말로서 '물기가 없다'는 뜻이고, **습윤**이란 말은 젖을 '습(濕)', 젖을 '윤(潤)' 자를 합친 말로서 '축축하다'는 뜻입니다.

act 4 계절별 강수량 분포의 특징 살펴보기

다음 자료를 보고, 물음에 알맞은 말을 □ 안에 쓰거나 ○표 하세요.

〈자료 1〉 서울의 월별 강수량 분포(1981~ 2010)

월	1	2	3	4	5	6	7	8	9	10	11	12
강수량 (mm)	20.8	25.0	47.2	64.5	105.9	133.2	394.7	364.2	169.3	51.8	52.5	21.5

1 위 표를 바탕으로 막대그래프를 완성하세요.

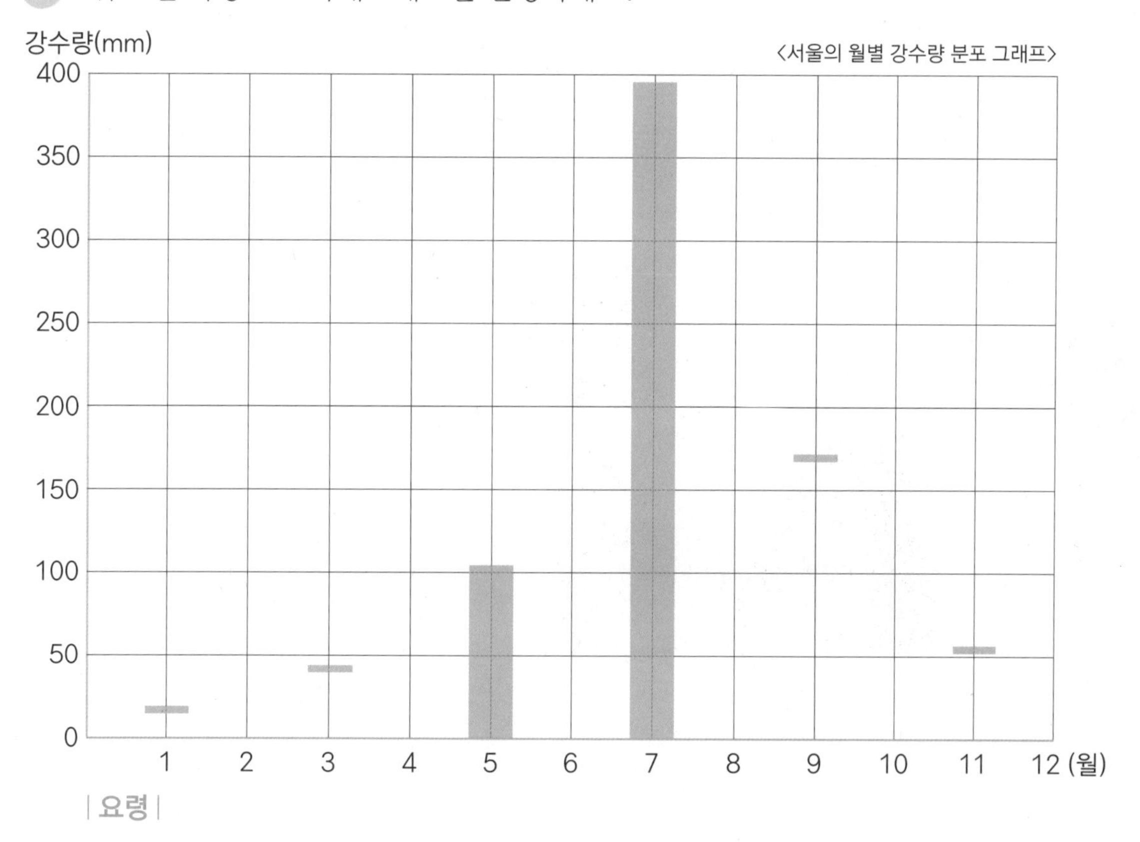

| 요령 |

① 먼저 〈자료 1〉에서 해당 월의 강수량 값을 그래프에 마디(-)로 표시하세요.
② 7월의 경우에서처럼 막대 선을 만든 다음에 그 안을 청색으로 색칠하세요.

2 서울의 계절별 강수량 분포를 보면, 오른쪽 그래프에서처럼 전체의 약 60% 이상이 □□철(6~8월)에 집중합니다. 그 까닭은 이 계절에 장□와 한꺼번에 많은 양의 비가 내리는 집중호우가 잦기 때문입니다.

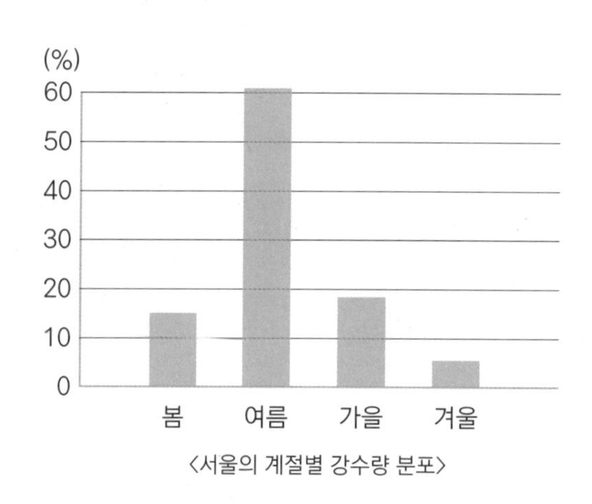

〈서울의 계절별 강수량 분포〉

3 이처럼 우리 국토의 강수량 분포는 계절마다 (고르다는, 차이가 심하다는) 특징이 있습니다.

act 5 계절마다 강수량 분포의 차이가 심한 까닭 알기

다음 자료를 보고, 물음에 알맞은 말을 □ 안에 쓰거나 ○표 하세요.

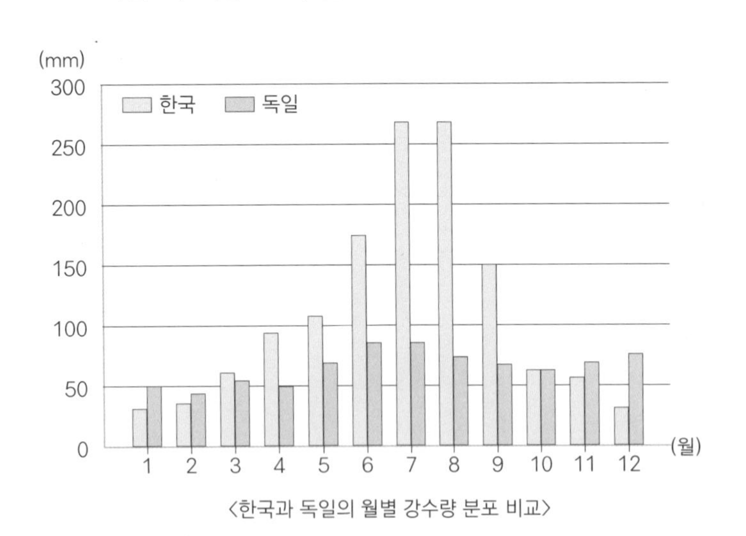

〈한국과 독일의 월별 강수량 분포 비교〉

1 왼쪽 그래프를 보면 우리 국토는 독일보다 달마다 강수량의 차이가 (적다, 심하다)는 점을 알 수 있습니다.

2 그렇지만 서부 유럽은 달마다 강수량이 고른 편입니다. 따라서 1년 내내 강물의 수위가 안정되어 있어 뱃길이나 운하가 발달하기에 (유리, 불리)합니다.

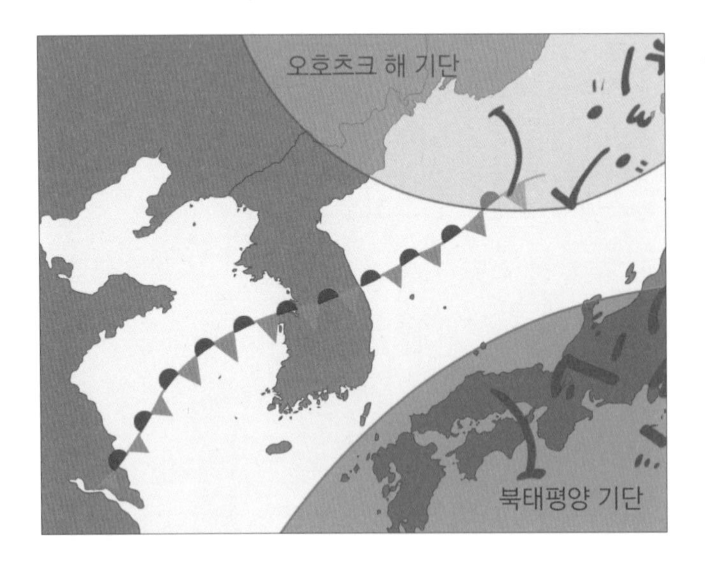

3 우리 국토가 이처럼 계절마다 강수량 분포의 차이가 심한 까닭은 해마다 여름철에 '□□ 전선'의 영향을 받기 때문입니다. 전선이란 성질이 다른 두 공기 덩어리가 만나는 곳을 말합니다. 장마 전선은 그림과 같이 찬 성질의 □□□□ 해 기단과 따뜻한 성질의 □□□□ 기단이 만나면서 만들어집니다. 장마 전선을 따라서는 비가 많이 내립니다.

계절별 강수량 분포의 특징 살펴보기

다음 자료를 보고, 물음에 알맞은 말을 □ 안에 쓰거나 ○표 하세요.

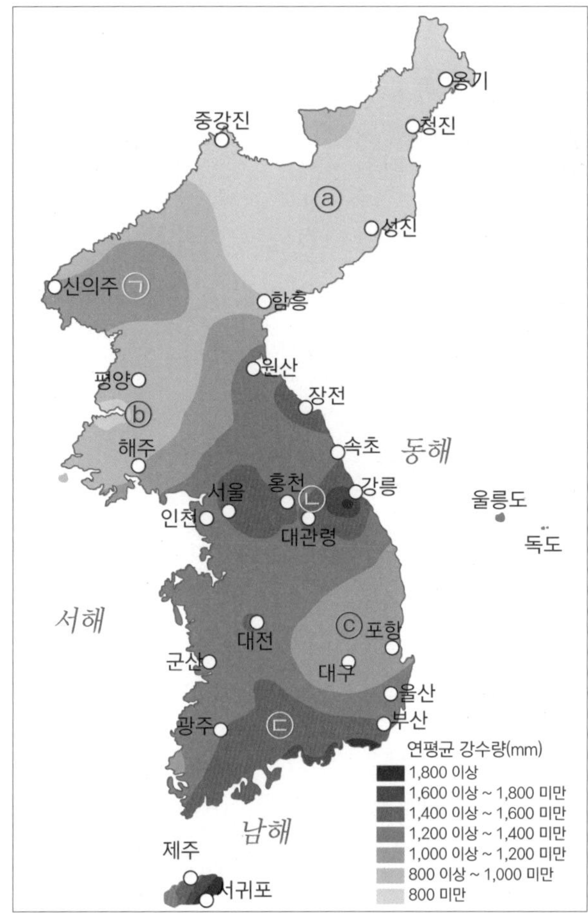

(가) 지역별 강수량 분포(1981-2010)

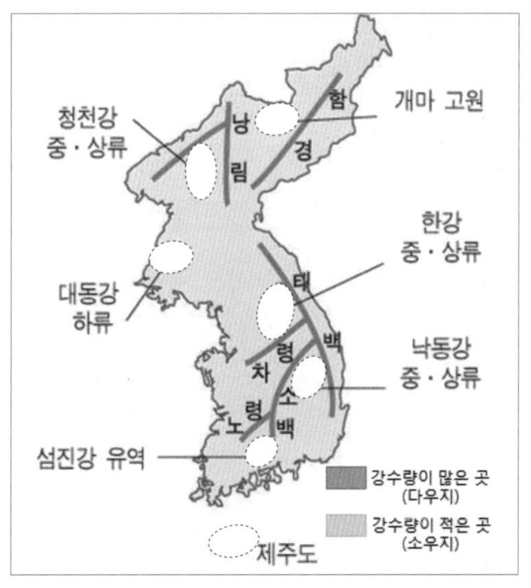

(나) 다우지(多雨地)와 소우지(少雨地)

1 강수량 분포는 남에서 북으로 가면서 점점 더 (적어, 많아)지는 특성이 나타납니다.

2 지도 (가)를 바탕으로 지도 (나)의 ⬭ 안을 주변보다 강수량이 많으면 파란색, 적으면 노란색으로 칠하세요.

① 주변보다 강수량이 많은 곳을 다우지(多雨地)라고 합니다. 지도에서 다우지를 찾아보세요.

- □□강 중·상류
- □강 중·상류
- □□강 유역
- 남해안, 제주도 일대

② 주변보다 강수량이 적은 곳을 소우지(少雨地)라고 합니다. 지도에서 소우지를 찾아보세요.

- □□고원
- □□강 하류
- □□강 중·상류

3 이처럼 우리 국토의 강수량 분포는 지역마다 차이가 (작다, 크다)는 점이 특징입니다.

지역마다 강수량 분포의 차이가 심한 까닭 알기

다음 자료를 보고, 알맞은 말을 □ 안에 쓰거나 ○표 하세요.

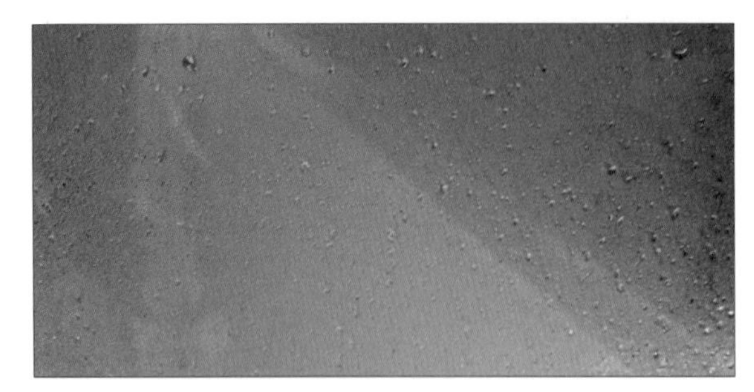

<김 서린 유리창>

<산지를 만나 타고 올라갔다가 내려오는 바람의 성질 변화 과정>

1 공기는 사진에서처럼 차가운 것에 닿게 되면 열을 (빼앗기면서, 보태면서) 물 알갱이를 만듭니다.

2 바람은 대기의 움직임입니다. 바람은 산을 만나면 그림처럼 산비탈을 타고 (올라가게, 내려가게) 됩니다. 이때 100m 올라갈 때마다 대략 0.5℃씩 온도가 낮아지게 됩니다. 이렇게 열을 빼앗기게 되면 물 알갱이가 생깁니다. 이것이 구름을 만들고 비나 눈이 됩니다.

3 반대로 대기는 100m 내려갈 때마다 대략 1℃씩 높아집니다. 그러니까 산지를 타고 내려오는 대기는 이미 물기를 잃어버린 데다 그나마 가지고 있던 물기마저 날아가 버리면서 더욱 (메마르게, 축축하게) 됩니다.

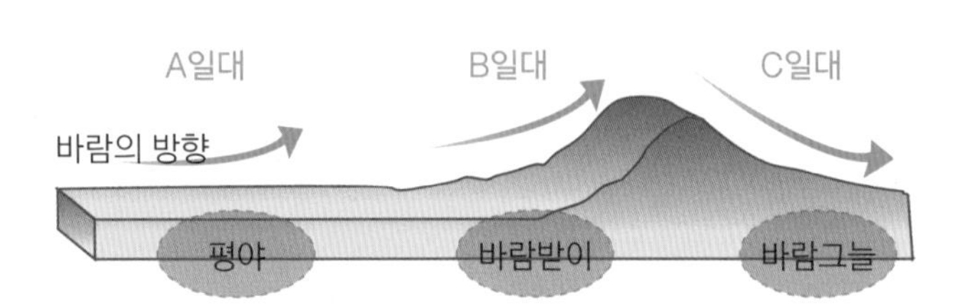

4 그렇다면 왼쪽과 같은 지형에서 비나 눈이 많이 내리는 곳은 어디일까요? □일대

5 act 6 2번의 ㉠ ~ ㉢은 위 그림에서처럼 바람받이 지형인 □일대라는 공통점이 있고, ⓐ와 ⓒ는 바람그늘 지형인 □일대라는 공통점이 있습니다. 그렇지만 ⓑ는 평야 지형인 □일대의 조건과 비슷합니다.

6 따라서 우리 국토의 강수량 분포가 지역별로 차이가 심한 까닭은 강수량은 □□의 방향과 더불어 지형 조건에 큰 영향을 받게 되는데, 지역마다 서로 다른 지형 특성이 나타나기 때문입니다.

21 강수와 우리 생활 사이의 관계

강수는 기후를 이루는 중요한 요소 중 하나입니다.
강수는 농사와 같은 생산 활동에 큰 영향을 끼치고, 집 모양이나 생활 모습에도 영향을 줍니다.
그럼, 강수와 우리 생활 사이에 실제로 어떤 관계가 있는지 알아볼까요?

act 1 강수와 우리 생활 사이의 관계 알기 1

다음 자료를 보고, 알맞은 말을 □ 안에 쓰거나 ○표 하세요.

(가)

<출처: ALLOWTO>

(나)

(다)

<출처: ALLOWTO>

(라)

<출처: ALLOWTO>

1 (가) ~ (라)는 각각 어떤 현상과 관계 깊은지 선으로 이어보세요.

(가) •		• 가뭄
(나) •		• 우박
(다) •		• 폭설
(라) •		• 홍수

2 (가), (라)와 같은 현상이 생기면 쌀, 과일, 채소 등 농산물 값은 어떻게 달라질까요?

"필요로 하는 양은 그대로인데 생산량이 줄어들면서 값이 (내려간다, 올라간다)."

강수와 우리 생활 사이의 관계 알기 2

다음 자료를 보고, 알맞은 말을 □ 안에 쓰거나 ○표 하세요.

(가)

1 (가)는 조상들이 볏짚으로 만들어 입던 전통 □옷인 '도롱이', (나)는 나무로 만든 '나막신'입니다.

2 모두 여름철 □오는 날에 주로 이용하던 생활 도구라는 공통점이 있습니다.

(나)

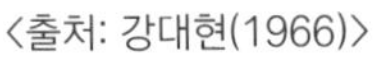

〈출처: 강대현(1966)〉

(다)

(라)

3 (다)는 '피수대', (라)는 '터돋움 집'을 나타냅니다. 두 시설을 살펴보면 어떤 공통점을 발견할 수 있나요?

"두 시설은 모두 주위보다 (낮게, 높게) 지어졌다는 점을 알 수 있습니다."

4 이런 시설은 왜 만들었을까요?

"(가뭄, 홍수)에 대비하여 물에 잠기는 것을 막기 위해서입니다."

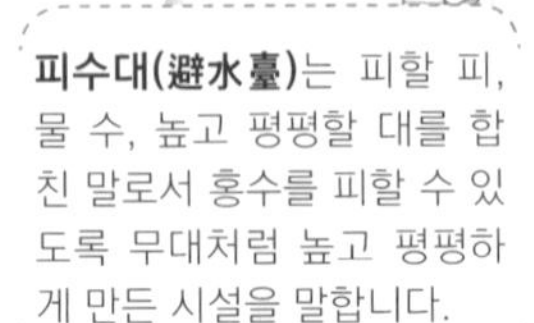

잠깐만요

피수대(避水臺)는 피할 피, 물 수, 높고 평평할 대를 합친 말로서 홍수를 피할 수 있도록 무대처럼 높고 평평하게 만든 시설을 말합니다.

울릉도의 강수 특성과 주민 생활 사이의 관계 탐구하기

다음 자료를 보고, 알맞은 말을 □ 안에 쓰거나 ○표 하세요.

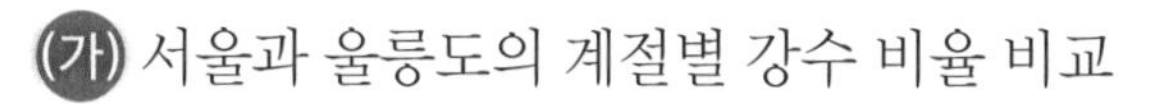

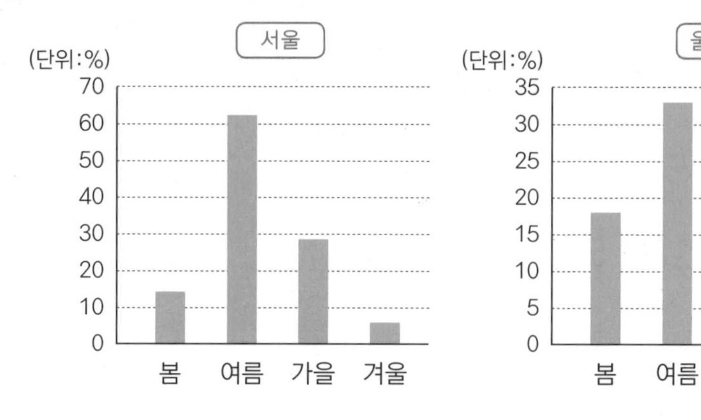

(나) 울릉도에서는 1955년 1월 20일에 하루 동안 150.9㎝, 그러니까 1m 51cm의 눈이 내린 적이 있습니다. 그리고 1962년 1월 31일에는 며칠 동안 내린 눈이 자그마치 293.6㎝, 그러니까 거의 3미터 높이까지 쌓인 적도 있었습니다.

1 그래프 (가)에서처럼 서울과 울릉도는 모두 □□철에 강수량이 가장 많습니다. 그리고 □□철의 경우 서울은 다른 계절에 비해 강수량이 가장 적은 반면 울릉도는 그다지 차이가 없습니다.

2 (가), (나) 자료를 통하여 울릉도의 강수량에서는 서울보다 (비, 눈)(이)가 차지하는 비율이 높다는 점을 알 수 있습니다. 곧, 울릉도는 우리 국토에서 눈(雪)이 많이 내리는 대표적인 (다우지, 다설지) 입니다.

잠깐만요

울릉도는 우리나라에서 눈이 가장 많이 오는 곳입니다. 이곳의 전통 살림집의 경우 눈이 집안으로 쳐들어오는 것을 막아 겨울철 활동 공간을 마련하기 위해 임시 눈막이 시설인 **'우데기'**를 설치하였습니다. 그리고 눈길을 걸을 때 발이 빠지지 않도록 **'설피'**라는 도구를 만들어 신기도 하였습니다.

우데기를 설치한 집

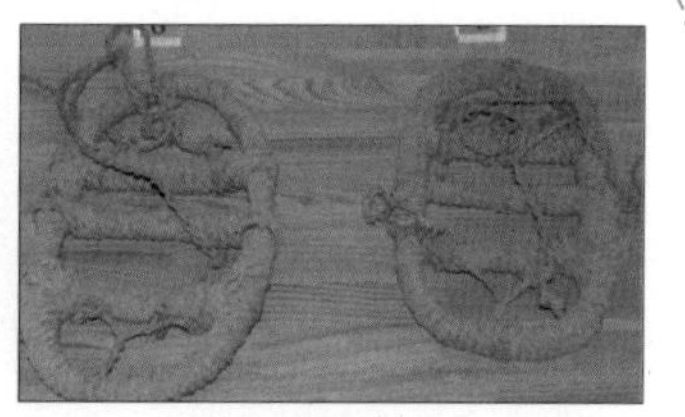
설피

22 우리 국토의 바람 특성

바람은 기온, 강수와 함께 기후를 구성하는 중요한 요소입니다. 바람은 기압 등 여러 조건의 영향을 받아 그 방향과 세기가 결정됩니다. 바람도 우리 생활에 큰 영향을 미칩니다. 그럼, 우리 국토의 바람은 어떤 특성을 지니고 있고, 우리 생활과는 어떤 관계가 있는지 살펴볼까요?

act 1 바람이 생기는 원리 알아보기

그림 (가), (나)는 같은 넓이에 있는 공기 알갱이들의 모습입니다. 알맞은 말을 □ 안에 쓰거나 ○표 하세요.

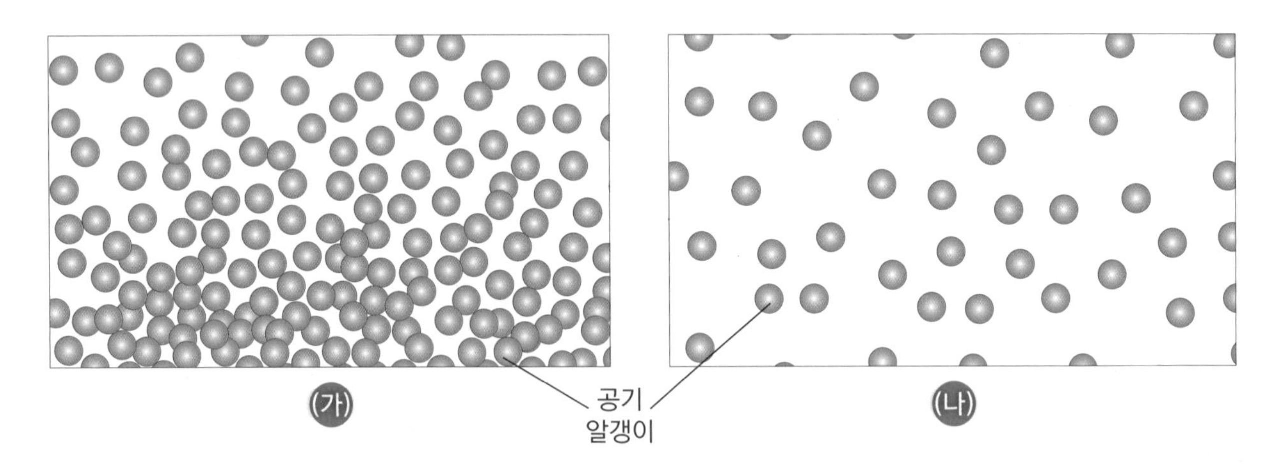

1 공기 알갱이들의 촘촘한 정도, 곧 공기 밀도는 어느 쪽이 더 높은가요? ((가), (나))

2 어느 쪽의 공기가 더 무거울까요? ((가), (나))

3 공기 알갱이들이 서로 밀어내는 힘 곧, 공기 압력은 어느 쪽이 더 셀까요? ((가), (나))

4 그렇다면 (가)는 (저기압, 고기압), (나)는 (저기압, 고기압)입니다.

5 지구상에서 모든 물질들은 어느 한쪽으로 기울거나 치우치지 않고 항상 고른 상태를 지키려는 방향으로 흐름이 생깁니다. 곧, 밀도가 (작은, 큰) 쪽에서 (작은, 큰) 쪽으로 이동하게 됩니다. 그렇다면 위 그림에서 공기의 흐름, 곧 바람은 어느 방향으로 불까요?

6 마치 물이 높은 곳에서 낮은 곳으로 흐르는 것처럼, 바람도 □기압에서 □기압 방향으로 붑니다.

act 2 국토의 계절별 바람 특성 알아보기

다음 지도를 보고, 알맞은 말을 □ 안에 쓰거나 ○표 하세요.

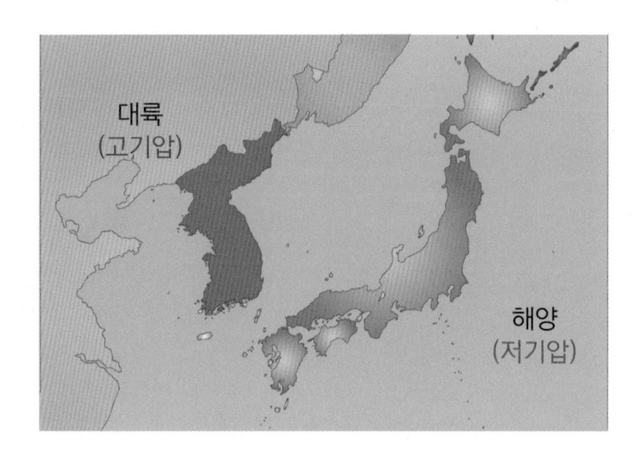

(가) □□철 바람

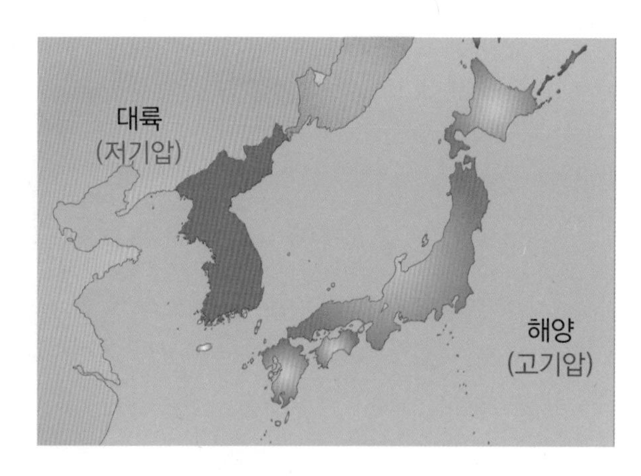

(나) □□철 바람

1 (가), (나)는 각각 어느 계절의 기압 배치일지 추리해서 지도의 제목을 완성하세요.

(가) : □□철, (나) : □□철

2 이를 바탕으로 계절마다 부는 바람의 방향을 추리하여 쓰고, 화살표를 활용하여 (가), (나) 지도에 직접 그려 넣으세요(단, 겨울철은 파란색(↘) 화살표, 여름철은 빨간색(↖)으로 표시하세요).

① (가) : 북□풍, ② (나) : □동풍

3 이처럼 우리 국토의 바람은 계절마다 바람(풍, 風)의 방향이 달라집니다. 그래서 우리 국토는 바람의 측면에서 '□□풍 기후'라는 특성을 지닙니다. 곧, □□철에는 북서 계절풍, □□철에는 남동 계절풍이 불어옵니다.

4 (가)의 바람은 북쪽에 자리 잡은 대륙에서 불어오기 때문에 (차갑고 메마른, 뜨겁고 눅눅한) 성질을, (나)는 남쪽에 자리 잡은 바다에서 불어오기 때문에 (차갑고 메마른, 뜨겁고 눅눅한) 성질을 지닙니다.

5 그래서 우리 국토의 겨울철 날씨는 (춥고 건조, 덥고 다습)하지만, 여름철은 (춥고 건조, 덥고 다습)한 특성이 나타납니다.

잠깐만요

바람 이름은 바람이 불어오는 쪽의 이름을 따서 붙입니다. 예를 들어, 동풍이란 동쪽에서 불어오는 바람이고, 북서풍이란 북서쪽에서 불어오는 바람을 말하지요.

계절풍이 생기는 까닭 알기

다음 그림을 보고, 알맞은 말을 □ 안에 쓰거나 ○표 하세요.

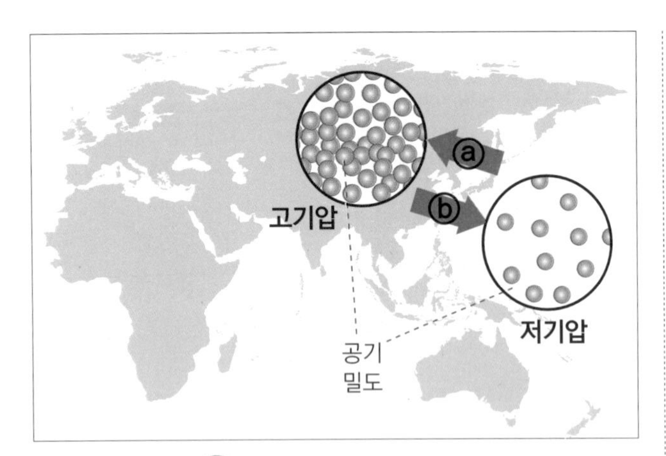

(가) 겨울철의 공기 이동

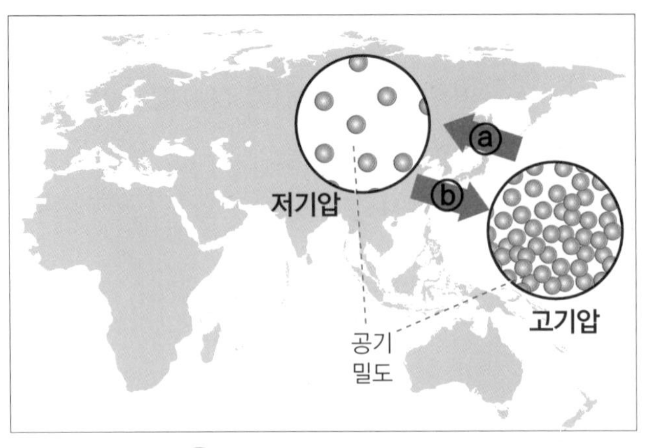

(나) 여름철의 공기 이동

1 (가)에서처럼 겨울철 동안 유라시아 대륙은 태평양보다 더 빠르게 식으면서 그 위에 있는 공기도 영향을 받아 온도가 낮아집니다.

① 온도가 낮아진 공기는 밀도가 (작아, 커)집니다.

② 밀도가 커진 공기는 무게도 (가벼워, 무거워)집니다.

③ 무게가 무거워진 공기는 (상승, 하강)합니다.

④ 공기가 하강하면서 유라시아 대륙의 공기 덩어리가 (ⓐ, ⓑ)방향으로 이동하게 됩니다.

⑤ 따라서 겨울철 동안 바람은 (유라시아 대륙에서 태평양 쪽으로, 태평양쪽에서 유라시아 대륙 쪽으로) 불게 됩니다.

2 (나)에서처럼 여름철 동안 유라시아 대륙은 태평양보다 더 빠르게 데워지면서 그 위에 있는 공기도 영향을 받아 온도가 높아집니다.

① 온도가 높아진 공기는 밀도가 (작아, 커)집니다.

② 밀도가 작아진 공기는 무게도 (가벼워, 무거워)집니다.

③ 무게가 가벼워진 공기는 (상승, 하강)합니다.

④ 공기가 상승하면서 생긴 빈자리를 태평양의 공기 덩어리가 (ⓐ, ⓑ)방향으로 이동하여 채우게 됩니다.

⑤ 따라서 여름철 동안 바람은 (유라시아 대륙에서 태평양 쪽으로, 태평양 쪽에서 유라시아 대륙 쪽으로) 불게 됩니다.

잠깐만요

돌과 물에 열을 가하면 돌이 더 빨리 뜨거워집니다. 마찬가지로 태양으로부터 같은 에너지를 받더라도, 육지는 바다보다 더 빠르게 데워지고 더 빠르게 식는 성질이 있습니다.

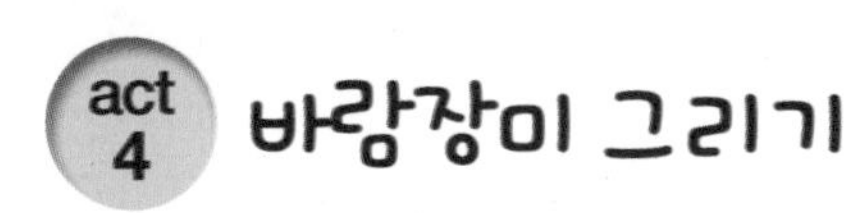

다음 자료는 인천시의 1월과 7월 어느 날의 시간대별 바람의 방향을 잰 값입니다. 물음에 답하세요.

〈1월 풍향〉

시간	풍향	시간	풍향
1	북	13	북
2	북북동	14	북
3	북	15	북
4	북동	16	북북서
5	북동	17	북
6	북북동	18	북북서
7	북북동	19	북북서
8	북	20	북북서
9	북북동	21	북
10	북북동	22	북
11	북북동	23	북북동
12	북	24	북북동

〈7월 풍향〉

시간	풍향	시간	풍향
1	남서	13	남서
2	남남서	14	서남서
3	남서	15	서남서
4	남서	16	서
5	서남서	17	서
6	남서	18	서
7	남남서	19	서
8	남남서	20	서남서
9	남남서	21	남서
10	남남서	22	남서
11	남남서	23	남서
12	남남서	24	남서

1 풍향별 횟수를 표에 적어보세요.

시간	1월	7월
북	10	
북북동	8	
북동	2	
동북동	0	
동		
동남동		
동남		
남남동		
남		
남남서		7
남서		
서남서		
서		
서북서		
북서		
북북서	4	

2 풍향별 횟수를 표시해서 바람장미를 그려봅시다.

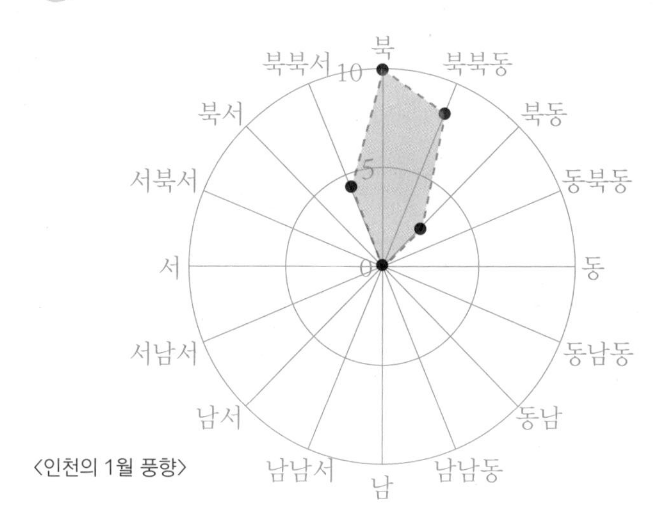

〈인천의 1월 풍향〉

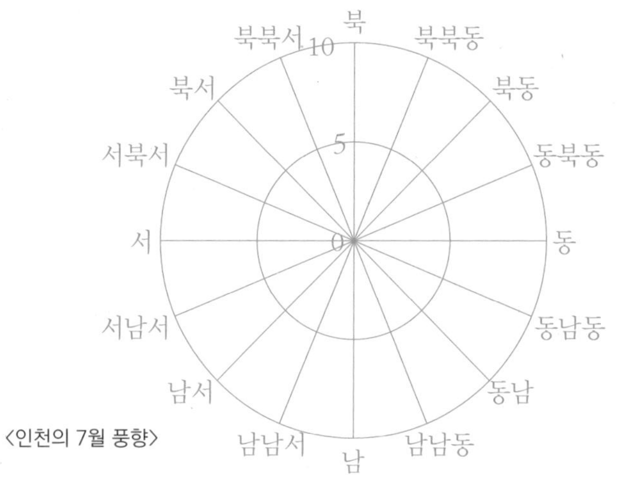

〈인천의 7월 풍향〉

3 바람장미를 보고 알맞은 말을 □ 안에 쓰세요.

① 인천시의 겨울철(1월)엔 주로 □풍이, 여름철(7월)엔 주로 □□풍이 불어옵니다.

② 이처럼 인천시에는 철마다 바람의 방향이 바뀌는 □□풍 기후가 나타납니다.

잠깐만요

바람장미는 어떤 지점에서 일정한 기간 동안에 걸쳐 부는 바람의 방향을 그래프로 나타낸 것으로서 마치 장미 꽃송이 모양을 띠고 있어서 붙여진 이름입니다

높새바람의 특징 살펴보기

높새바람과 관련된 자료들을 바탕으로 추리하여 알맞은 말을 □ 안에 쓰거나 ○표 하세요.

"인종 18년(1140)에 샛바람이 5일이나 불어 백곡과 초목이 반이나 말라 죽었고, 지렁이가 길 가운데 나와 죽어 있는 것이 한 줌 가량 되었다."

—고려사—

"영동 지방에서는 비를 내리게 하여 작물을 잘 자라게 하나, 이 바람이 산을 넘어가게 되면 영서 지방에서는 고온 건조해져 작물에 해를 끼친다."

—강희맹, 「금양잡록」—

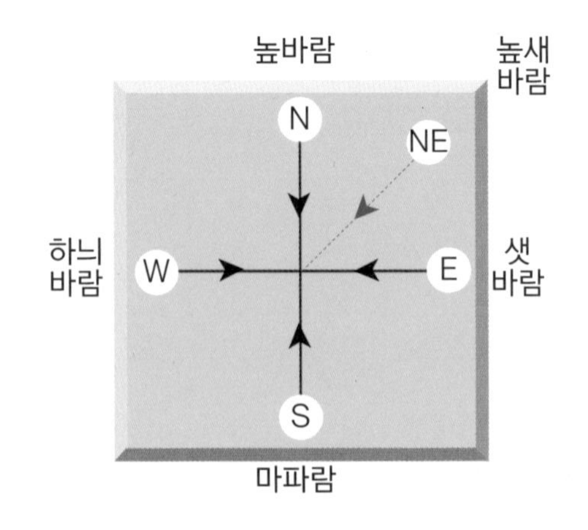

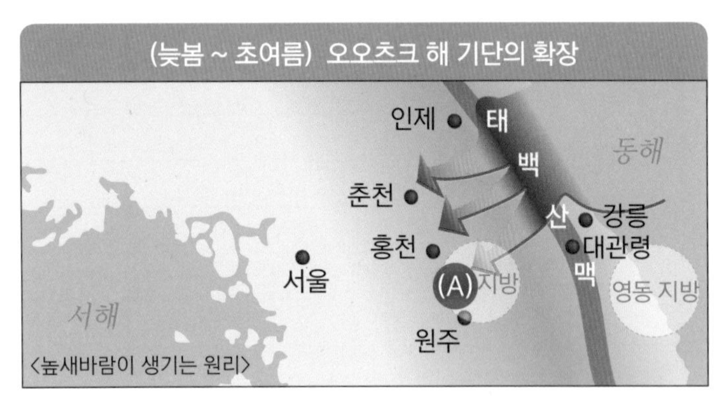

<높새바람이 생기는 원리>

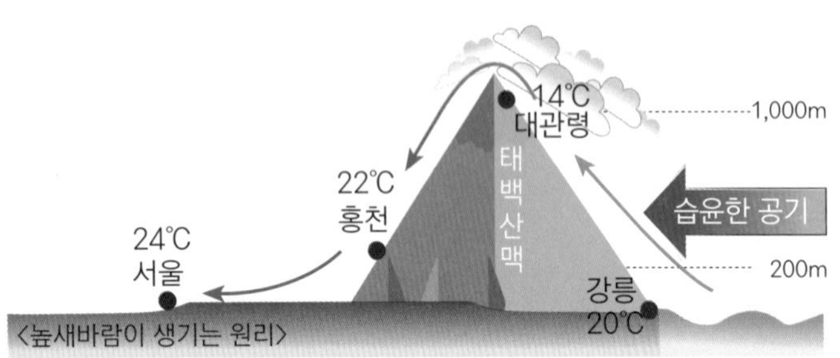

<높새바람이 생기는 원리>

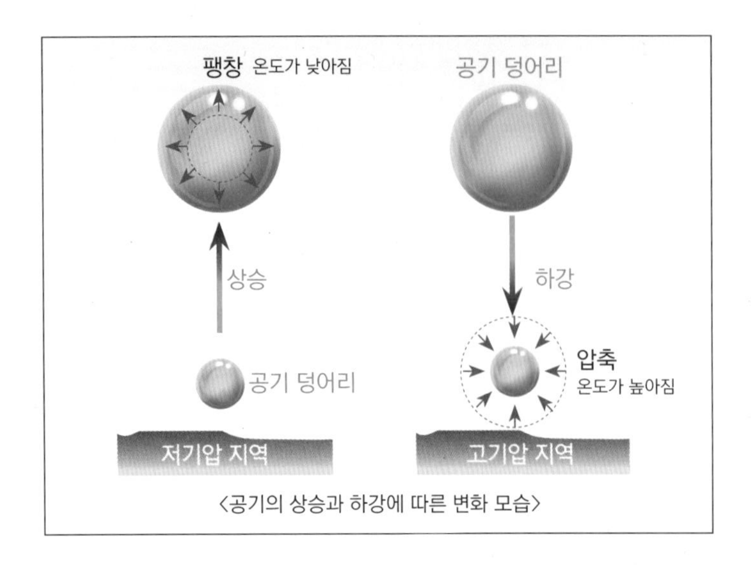

<공기의 상승과 하강에 따른 변화 모습>

1 높새바람이란 어느 쪽에서 부는 바람일까요? □□풍

2 높새바람은 언제, 어디에서, 왜 부는 바람일까요?

① 언제 : □봄 ~ □여름

② 어디에서 : □□지방((A)지방)

③ 왜 : □□□□해 기단이 북동쪽에서 세력을 키워오면서

3 강릉에서 20℃이었던 공기가 태백산맥을 넘어 영서지방을 지나 서울에 도달하면 기온이 얼마나 높아지나요? □℃

4 그렇다면 높새바람은 어떤 성질의 바람일까요? (뜨겁고 메마르다, 차고 축축하다)

5 이 바람은 어떤 영향을 끼치나요? "□□ 지방의 농□□을 말라죽게 합니다."

act 6 태풍의 기본 성질 알기

다음은 태풍에 관한 여러 자료입니다. 알맞은 말을 □ 안에 쓰거나 ○표 하세요.

〈출처: 기상청〉

(가) 태풍 위성 사진

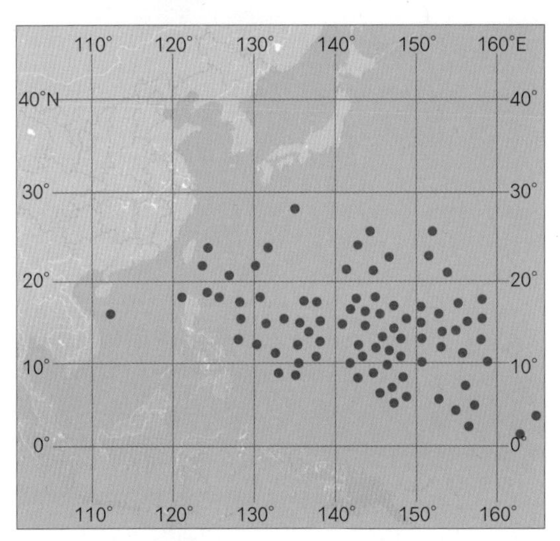

(다) 태풍 발생 장소

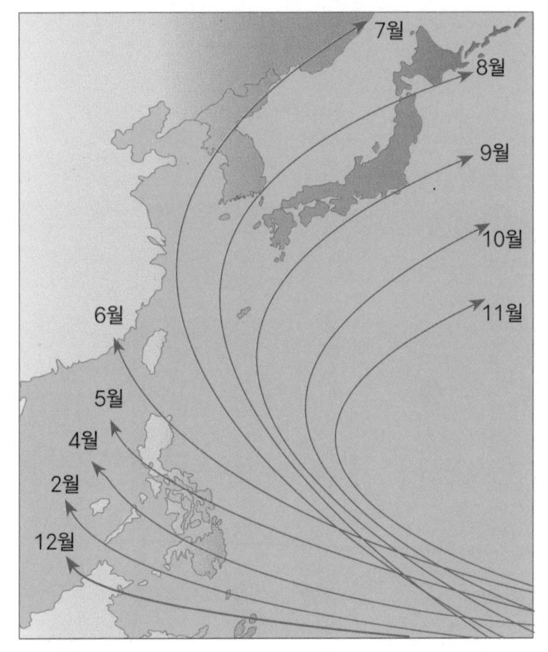

(라) 태풍의 월별 평균적인 이동 경로

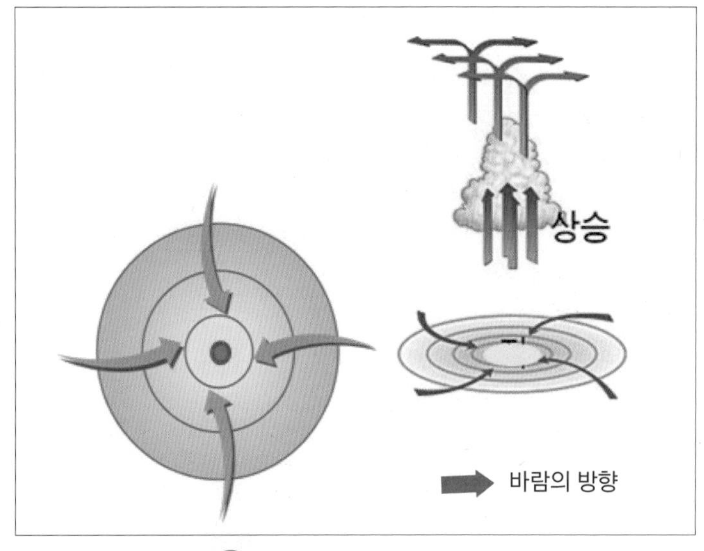

(나) 태풍의 위 및 옆 모습

1 (나)를 바탕으로 (가) 사진에서 태풍을 찾아 ○표 하세요.

2 (나)의 화살표를 바탕으로 태풍은 (저기압, 고기압)이라고 추리할 수 있습니다. 왜냐하면 바람이 사방에서 가운데를 향하여 불어오기 때문입니다.

3 (다) 지도를 바탕으로 태풍이 가장 많이 생기는 바다 범위는 □□~20°N, 140~□□□°E, 곧 (온대, 열대) 바다 지역이라는 점을 알 수 있습니다.

4 (라) 지도에서처럼 태풍은 처음엔 (북서, 북동)쪽으로 움직이다가 나중엔 (북서, 북동)쪽으로 방향을 바꾸어 이동합니다. 그리고 7~□월에 발생하는 태풍이 우리 국토에 더 큰 영향을 줍니다.

5 따라서 태풍이란 '□대 바다에서 발생하여 이동하는 □기압'이라고 정리할 수 있습니다. 특히, 우리나라와 일본에서는 초당 17미터 이상의 속도로 부는 바람을 태풍이라고 부르고 있습니다.

태풍의 이동로 그려보기

<자료 1>을 바탕으로 태풍이 움직인 길을 <자료 2>의 지도에 표시해보세요.

<자료 1> 태풍 매미의 위치 및 풍속 변화

시간	태풍 중심의 위치(°N,°E)		최대 풍속(m/s)	시간	태풍 중심의 위치(°N,°E)		최대 풍속(m/s)
9월 06일 15시	16.0	141.5	18	12일 15시	32.7	127.0	41
07일 15시	18.9	136.9	21	12일 21시	35.1	128.4	38
08일 15시	20.1	132.9	31	13일 06시	37.8	130.7	31
09일 15시	22.4	129.4	41	13일 15시	40.5	134.5	26
10일 09시	23.7	127.4	49	13일 21시	42.3	138.1	26
11일 15시	25.8	125.2	54	14일 06시	46.0	144.0	소멸

<자료 2> 태풍 매미의 이동로

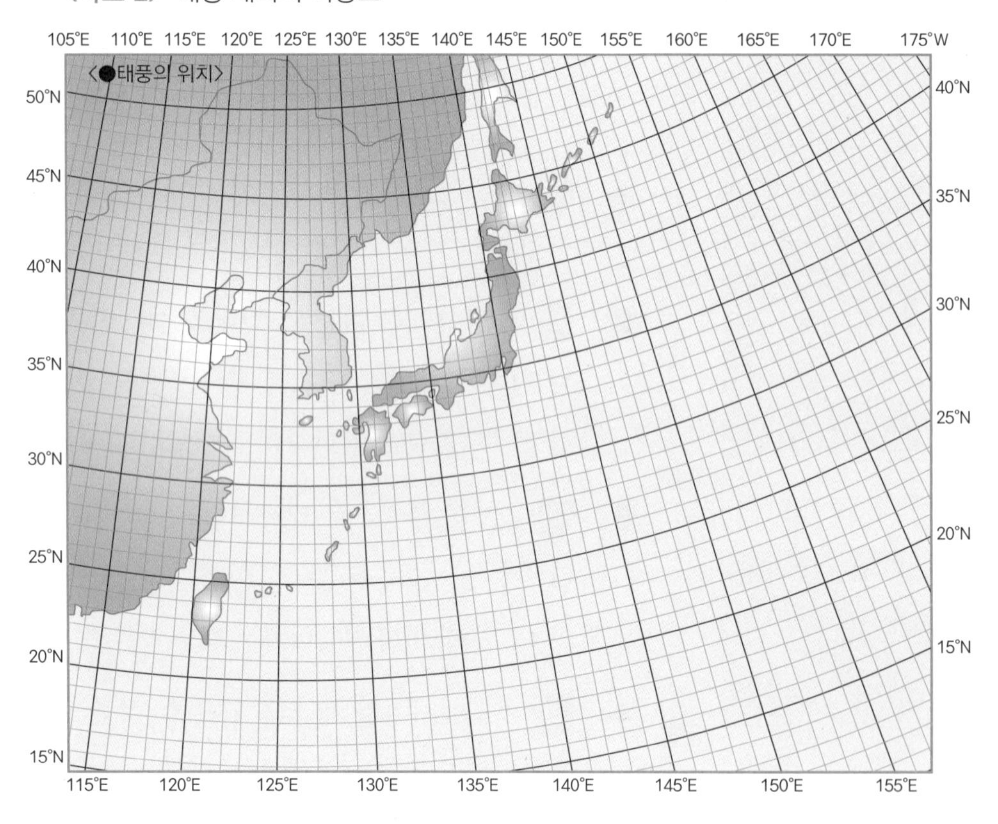

1 태풍 '매미'는 언제 우리 국토에 도착했나요? ☐월 ☐일 ☐☐시

2 태풍 '매미'의 풍속이 가장 강했을 때의 위치를 빨간 점(●)으로 지도에 표시하세요.

3 태풍은 처음엔 ☐☐ 방향으로 이동하면서 풍속이 점차 세지다가 ☐☐ 방향으로 이동하면서 풍속이 (더욱 강, 점차 약)해집니다.

act 8 바람과 우리 생활 사이의 관계 알기

다음 사진은 바람과 우리 생활 사이의 관계를 보여줍니다. 알맞은 말을 □ 안에 쓰거나 ○표 하세요.

(가) 배산임수의 마을(충남 청양)

(나) 방풍림(경남 남해)

(다) 돌담(제주)

(라) 풍력 발전(강원 평창)

1 (가)처럼 마을이 북쪽에 산을 등지고 자리 잡으면 어떤 점이 유리할까요?

"겨울철 차가운 □풍이나 □서풍을 뒷산이 막아줍니다."

2 (나)처럼 마을 앞에 숲을 만들어 놓으면 어떤 점이 유리할까요?

"낮 동안에 부는 □풍(바닷바람)을 어느 정도 막을 수 있습니다."

3 (다)처럼 밭 주변에 높은 담을 쌓는 까닭은 무엇일까요?

"제주는 섬 지방이라서 □□의 피해를 줄이기 위해서입니다."

4 (라)는 무엇일까요?

"□□을 이용하여 전기를 생산하는 풍력 발전기의 모습입니다."

잠깐만요

배산임수(背山臨水)란 '산을 등지고 물을 끼고 있다'는 뜻입니다. 등 배(背), 끼고 있다는 뜻의 임(臨)자를 씁니다. 배산임수의 땅은 뒷산이 차가운 겨울철 북풍을 막아주고 앞이 탁 트인 양지 바른 곳입니다. 더구나 앞에 흐르는 시냇물은 농사짓는 데나 생활용수로 쓸 수 있지요. 이런 배산임수의 땅은 산이 많고 내가 많은 우리 국토에서는 마을이 자리 잡기에 유리한 여러 조건을 갖춘 장소라고 하겠습니다.

23 우리 국토의 기후 특성과 생활 사이의 관계

기후는 동식물을 비롯한 모든 생명체에게 가장 중요한 환경입니다. 기후에 적응하지 않고서는 생존할 수 없기 때문입니다. 사람도 마찬가지입니다. 그럼, 우리 국토에서 살아온 사람들은 기후에 어떻게 적응하고 살아왔는지 살펴볼까요?

act 1 기후 그래프 그리기

〈자료 1〉을 바탕으로 〈그림 1〉에는 서울, 〈그림 2〉에는 울릉도의 기후 그래프를 그리세요. 그리고 물음에 알맞은 말을 □ 안에 쓰거나 ○표 하세요.

〈자료 1〉 서울과 울릉도의 월별 기온 및 강수량 분포

구분		1월	2월	3월	4월	5월	6월	7월	8월	9월	10월	11월	12월
서울	기온(℃)	-2.4	0.4	5.7	12.5	17.8	22.2	24.9	25.7	21.2	14.8	7.2	0.4
	강수량(mm)	20.8	25.0	47.2	64.5	105.9	133.2	394.7	364.2	169.3	51.8	52.5	21.5
울릉도	기온(℃)	1.4	2.2	5.4	11.1	15.5	18.8	22.3	23.6	19.8	15.3	9.7	4.4
	강수량(mm)	116.2	78.1	72.2	81.3	105.1	115.3	170.2	167.9	170.7	83.9	105.5	117.1

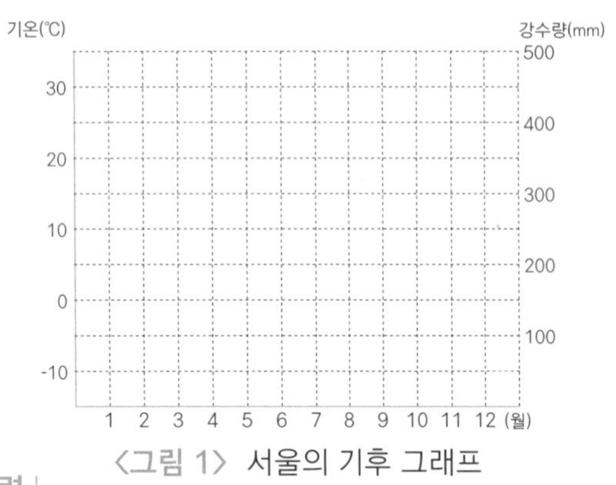

〈그림 1〉 서울의 기후 그래프

〈그림 2〉 울릉도의 기후 그래프

| 요령 |

① 기온은 꺾은선 그래프로, 강수량은 막대 그래프로 그립니다.
② 기온은 왼쪽 축의 숫자를, 강수량은 오른쪽 축의 숫자를 참고하세요.
③ 먼저 〈자료 1〉에서 해당 월의 기온 값을 그래프에 빨간 색 점(●)으로 표시하세요.
④ 1월부터 차례로 달과 달 사이의 점을 직선으로 이어 꺾은선 그래프로 완성하세요.
⑤ 다음 〈자료 1〉에서 해당 월의 강수량을 그래프에 파란색 마디(─)로 표시하세요.
⑥ 세로 막대 선을 그리고 나서 막대 속을 파란색으로 칠하여 막대 그래프를 완성하세요.

1 울릉도는 서울보다 여름엔 (시원, 따뜻)하고, 겨울엔 (시원, 따뜻)합니다.

2 울릉도는 서울보다 강수량이 (여름철에 집중, 연중 골고루) 분포합니다. 특히 울릉도의 겨울철 강수량이 많은 까닭은 □(이)가 많이 오기 때문입니다.

act 2 우리 국토의 기후 특성 정리하기

다음 자료를 보고, 알맞은 말을 □ 안에 쓰거나 ○표 하세요.

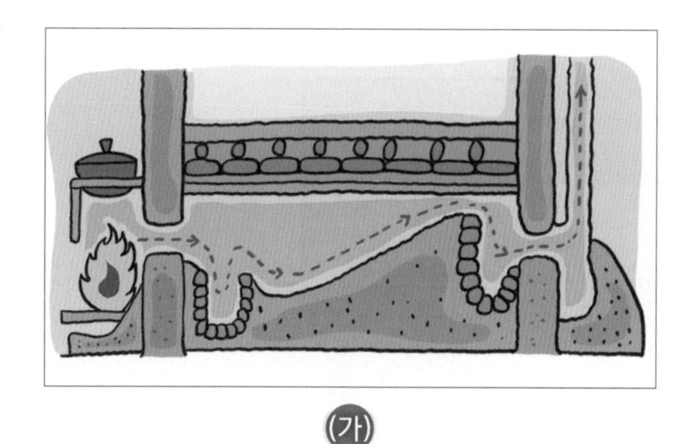

(가)

(나)

1 그림 (가), (나)는 각각 어떤 시설의 모습일까요?

① (가) : □돌　② (나) : 대청□루

2 (가), (나)는 어떤 점에서 가치가 있을까요?

"(가)는 □□철을 따뜻하게 지내기 위한 난방 장치, (나)는 □□철을 시원하게 지내기 위한 거실 공간으로서 우리 조상들이 집을 지으면서 겨울 추위와 여름 더위에 모두 적응할 수 있도록 고안한 독특한 시설이라는 점입니다."

3 우리 국토의 기후 특성을 정리해 볼까요?

① □□철 : 기온이 낮고 건조하여 춥고, 대략 북서풍이 붑니다.

② □□철 : 기온이 높고 습도도 높아 무덥고, 대략 남서~남동풍이 붑니다.

③ 그 까닭은 겨울엔 북쪽 대륙에서 세력을 키워오는 한랭건조한 □□□□ 기단, 여름엔 남쪽 해양에서 세력을 키워오는 고온다습한 □□□□ 기단이 강하게 영향을 미치기 때문입니다. 따라서 우리 조상들은 여름철 '□위'와 겨울철 '추□'에 맞추어 살 수 있도록 의식주 생활을 꾸려나가지 않을 수 없었습니다. 그리고 오늘날 우리도 마찬가지입니다.

act 3 우리 국토의 기후와 전통 가옥 사이의 관계 알기

다음 그림은 지방별 전통 살림집을 위에서 내려다본 모습입니다. 알맞은 말을 □ 안에 쓰거나 ○표 하세요.

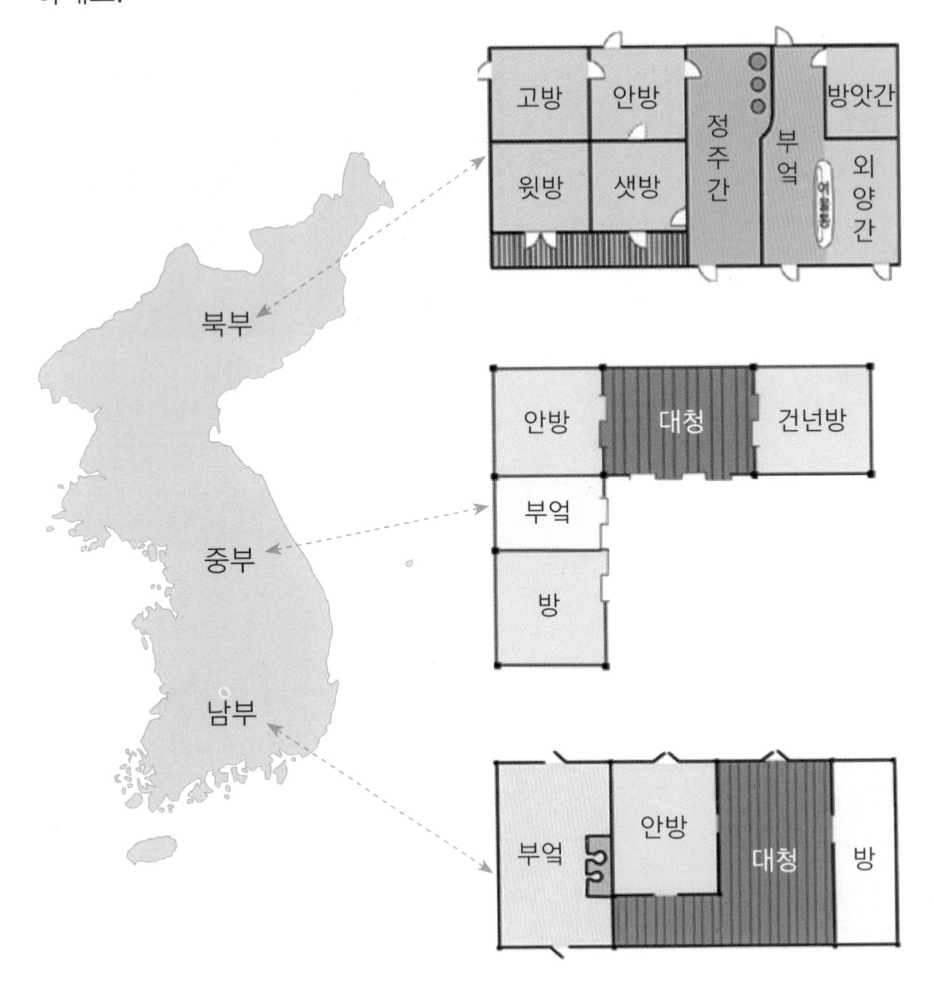

- **정주간**이란 부엌과 방 사이에 있는 난방 거실 공간입니다. 그리고 중부와 남부 지방의 살림집에서는 대들보 아래에 방이 일렬로 배치되지만, 북부 지방에서는 두 겹으로 배치되는데 이는 겨울철에 난방 효과를 높이기 위한 방안입니다.
- **고방**은 잘 사용하지 않은 물건이나 중요하지 않은 집안 물건을 보관하는 방을 말합니다.
- **윗방**은 이어져 있는 두 방 가운데 위쪽 방을 말합니다.
- **샛방**은 방과 방 사이에 있는 작은 방을 말합니다.
- **대청(大廳)**은 방과 방 사이에 있는 큰 마루를 말합니다.

1 전체적인 모습에서 서로 어떤 특징이 있는지 이어보세요.

① 북부 지방 •	• 一 자 모양 •	• 닫힌 얼개(폐쇄 구조)
① 중부 지방 •	• ㄱ 자 모양 •	• 반쯤 열린 얼개(반개방 구조)
① 남부 지방 •	• 田 자 모양 •	• 열린 얼개(개방 구조)

2 지방별로 집의 가운데를 차지하는 시설을 보면, 북부 지방에서는 □□간이, 중부와 남부 지방에서는 □□(이)가 자리 잡고 있습니다. 둘 다 오늘날 아파트의 거실과 비슷한 역할을 합니다.

3 지방별 전통 살림집의 모습에서 왜 이런 차이가 나타날까요?

"우리 국토는 온·냉 기후 지역이지만, (남북으로 길이가 긴, 동서로 폭이 넓은) 땅이기 때문에 겨울과 여름 날씨가 지방별로 차이가 있어 이에 적응하기 위해서입니다."

우리 국토의 기후 환경과 생활 문화 사이의 관계 알기

다음 그림은 기후 환경과 우리의 전통 생활 문화 사이에 어떤 관계가 있는지를 보여줍니다. 알맞은 말을 □ 안에 쓰거나 ○표 하세요.

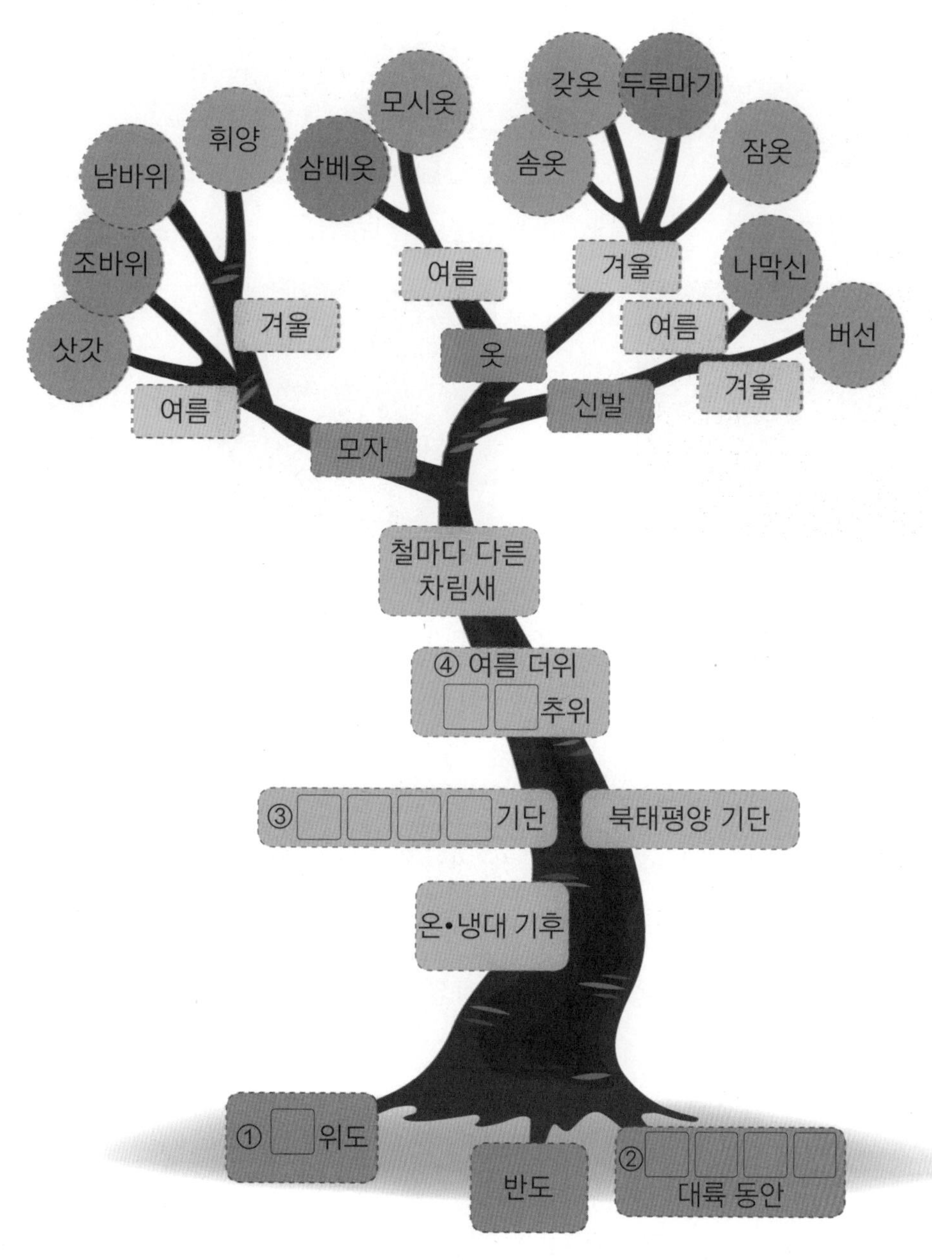

1 ①~④의 □안에 들어갈 알맞은 말을 쓰세요.

①: □ ②: □□□□ ③: □□□□ ④: □□

2 우리 조상들의 여름 옷차림은 시원한 바람이 잘 통할 수 있도록 (방풍, 통풍) 효과를 높이는 방식으로, 겨울 옷차림은 차가운 바람을 잘 막아낼 수 있도록 (방풍, 통풍) 효과를 높이는 방식으로 차려 입었습니다.

3 다음 사진은 우리 조상들이 쓰던 생활 도구입니다. 도구에 맞는 설명을 찾아 기호를 쓰세요.

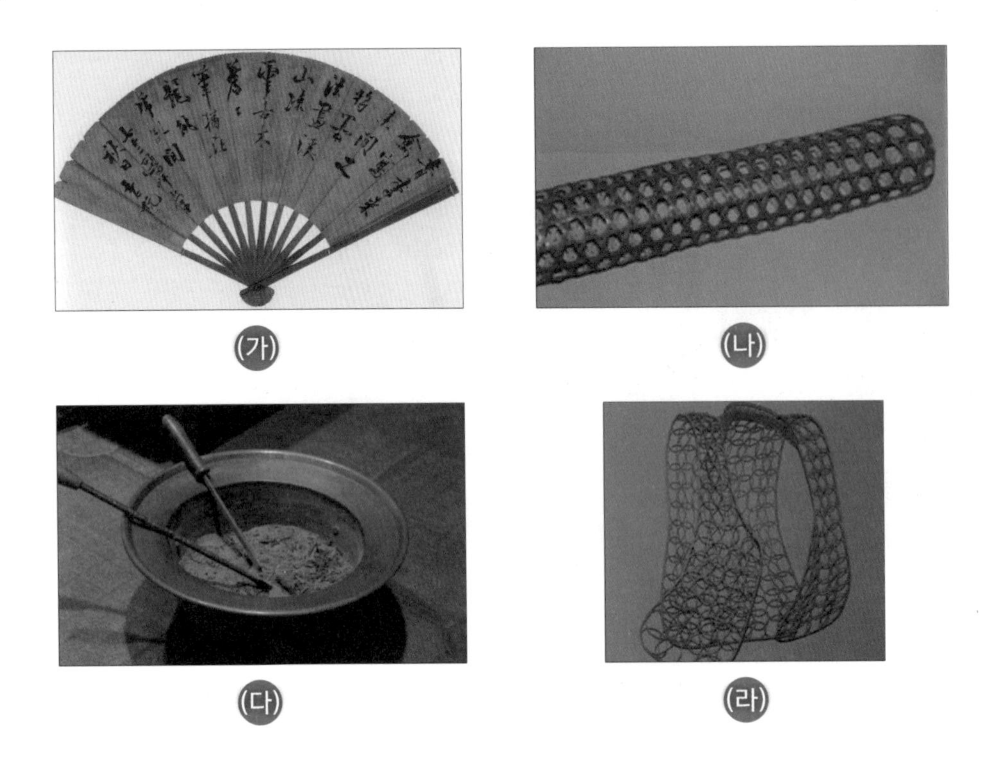

① 화로 : 숯불을 담아 놓는 그릇. 주로 불씨를 보존하거나 난방을 위하여 썼습니다. ☐

② 등등거리 : 등나무의 줄기를 가늘게 쪼개서 엮어 등을 덮을 만하게 만든 것. 여름에 땀이 배지 않도록 적삼 밑에 입었습니다. ☐

③ 부채 : 손으로 흔들어 바람을 일으키는 물건. 가늘게 쪼갠 대살에 종이나 헝겊 따위를 붙여 만들었습니다. ☐

④ 죽부인 : 가늘게 쪼갠 대살로 길고 둥글게 얼기설기 엮어 만든 기구. 여름밤에 서늘한 기운이 돌게 하기 위하여 끼고 잤다고 합니다. ☐

잠깐만요

- **조바위**는 추울 때 여자가 머리에 쓰던 모자입니다.
- **남바위**는 추위를 막기 위해 머리에 쓰는 쓰개입니다.
- **휘양**은 추울 때 머리에 쓰는 모자로 남바위와 비슷하게 생겼습니다.
- **갖옷**은 짐승의 털가죽으로 안을 댄 옷을 말합니다.

조바위

남바위

지금까지 배운 내용을 정리해 봅시다.

1. 다음 설명에 해당하는 말은 무엇일까요?

① 어떤 장소에서 매년 반복되는 대기의 평균적인 종합 상태 : □□

② 기후를 구성하는 세 가지 요소 : □□, □□, □□

③ 하루 동안의 대기 변화 상태를 뜻하는 순 우리말 : □□

④ 한반도 주변에 발달하는 네 기단 : □□□□기단, □□□□해 기단, □□강 기단, □□□□기단

⑤ 비, 눈, 우박 등 구름에서 떨어져 물이 된 모든 물질을 모아 잰 값 : □□□

⑥ 고기압에서 저기압으로 움직이는 대기의 흐름 : □□

2. 우리 국토가 지니는 기후 환경의 특성을 정리해볼까요?

① 기온의 측면

- 우리 국토는 여름철과 겨울철 사이의 기온차가 큰 '□□성 기후'에 속합니다. 그것은 여름철에는 무더운 북태평양 기단, 겨울철에는 차가운 시베리아 기단의 영향을 받기 때문입니다.
- 기온은 남에서 북으로 가면서 점차 낮아집니다. 그것은 북쪽으로 갈수록 '□□'가 높아지기 때문입니다.
- 겨울철엔 서해안보다 동해안의 기온이 더 높습니다. 그것은 '태백□□'과 '동한□□'의 영향 때문입니다.
- 대도시에서는 주변보다 기온이 높은 '□□ 현상'이 나타납니다. 그것은 가열이 빠른 건축물과 인공열의 방출 때문입니다.

② 강수의 측면

- 우리 국토는 세계 평균보다 강수량이 많은 '□□ 기후'에 속합니다. 그것은 중위도에서도 해양의 영향을 많이 받는 위치에 있기 때문입니다.
- 해마다 강수량의 편차가 커서 '□□과 홍수'가 자주 나타납니다. 그것은 중위도의 반도 지역에서는 해마다 기단과 기압 배치의 변화가 잦기 때문입니다..
- 계절마다 강수량의 편차가 큰데, 특히 강수는 '□□철'에 집중합니다. 그것은 여름철에 장마 전선, 북태평양 기단, 태풍 등의 영향을 받기 때문입니다.
- 지역마다 강수량의 편차가 커서 '□□□와 소우지'가 나타납니다. 그것은 지역마다 지형 조건이 다르기 때문입니다.

• 울릉도에는 겨울철에 눈이 많이 내립니다. 그것은 동해 바다에 자리 잡고 있어 바다의 영향을 많이 받기 때문입니다.

③ 바람의 측면

• 우리 국토는 겨울철엔 북서풍, 여름철엔 남서~남동풍이 불어 철마다 바람의 방향이 바뀌는 '□□□ 기후'에 속합니다. 그것은 겨울철엔 시베리아 기단, 여름철엔 북태평양 기단의 영향을 받기 때문입니다.

• 영서 지방에서는 늦봄에서 초여름에 걸쳐 '□□ 바람'이 붑니다. 그것은 이 계절에 오호츠크 해 기단의 세력이 커지면서 바람이 태백산맥을 넘어 불어내리기 때문입니다.

• 태풍은 여름철에서 초가을에 걸쳐 비바람을 몰고 오는 '□□ 이동성 □ 기압' 입니다.

3. 기후 환경은 우리의 생산 활동과 일상 생활에 큰 영향을 끼칩니다.

① 우리 조상들은 뒤에 산을 등지고 앞에 물을 끼고 있는 양지바른 '배□임□ 자리'에 마을을 세우거나 집을 지었습니다.

② 전통 가옥에서는 겨울 추위와 여름 더위에 맞추어 살기 위한 시설을 함께 갖추었는데, 그 대표적인 사례는 '□□, □□마루' 입니다.

③ 전통 가옥의 경우 북부 지방은 田자 모양의 '□쇄 구조', 남부 지방은 一자 모양의 '□방 구조'를 보여줍니다.

④ 결론적으로 우리 국토에 수천 년 간 살아온 조상들은 겨울철엔 바람을 피하거나 막기 위한 (방풍, 통풍) 전략을, 여름철엔 바람을 만들거나 바람이 잘 통할 수 있도록 하는 (방풍, 통풍) 전략을 선택하여 겨울 추위와 여름 더위에 적응하며 살아 왔습니다. 그리고 이러한 전략은 오늘날 우리 생활에서도 마찬가지로 활용되고 있습니다.

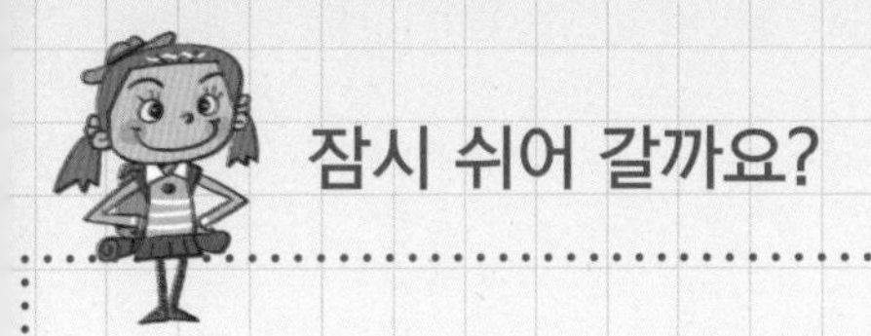

삼국 시대에도 황사가 있었을까요?

삼국 시대나 고려 시대, 아니 조선 시대에도 황사가 있었을까요? 물론입니다. 황사에 관한 최초 기록은 삼국 시대로 거슬러 올라갑니다. 신라 아달라왕 21년(174년)에 우토(雨土)라는 기록이 나오거든요. 마치 '흙가루가 비처럼 내린다.'는 의미에서 우토나 토우 등으로 불렸다고 합니다. 백제 무왕 7년 3월(606년)에는 '왕도에 흙비가 내려 낮이 밤처럼 어두웠다.' 라는 기록도 있습니다. 고구려에서는 644년에 '빨간 눈이 내렸다.'는 기록이 있습니다. 또 고려 시대 1017년부터 1372년까지 무려 43건이나 '우토(雨土)'가 등장합니다.

조선 시대에는 어땠을까요? 삼국 시대와 고려 시대에는 '흙이 비처럼 내리다.' 라는 동작으로 묘사되었지만 조선 시대에는 '흙비'라는 명사로 황사 현상을 나타내었습니다. 명종실록 10권에는 '1550년 3월 29일 한양에 흙이 비처럼 떨어졌다. 전라도 전주와 남원에는 비가 온 뒤에 연기 같은 안개가 사방에 꽉 끼였으며, 지붕과 밭, 잎사귀에도 누렇고 허연 먼지가 덮였다. 쓸면 먼지가 되고, 흔들면 날아 흩어졌다.' 라고 기록되어 있답니다. 이처럼 조선 왕조실록엔 모두 57건의 황사 기록이 등장한다는군요. 먼지 현상으로서의 황사 42건, 비에 섞여 내린 황사 3건, 눈에 동반된 황사가 5건, 우박과 함께 한 황사 5건, 안개와 관측된 황사 2건 등입니다. 지금의 황사라는 용어는 1954년부터 사용하기 시작했습니다.

황사란 주로 대륙의 사막 및 황토 지대에서 불려 올라간 많은 양의 흙먼지가 온 하늘을 덮고 떠다니며 서서히 내려앉는 현상을 말합니다. 이런 황사는 서울의 경우 1960년에서 2015년까지 황사 관측 결과 아래 표와 같이 봄철인 4월에 126회로 가장 많이 출현하였습니다.

〈서울의 황사 출현 횟수, 1960-2015〉

월	1월	2월	3월	4월	5월	6월	7월	8월	9월	10월	11월	12월
횟수	10	14	80	126	66	0	0	0	1	1	12	18

황사는 오랫동안 자연 생태계에 큰 역할을 해왔습니다. 황사 입자가 태양빛을 반사시키고, 또 황사에 들어있는 철분 등 무기 염류를 바다에 떨어뜨려 대표적인 온실가스인 이산화탄소를 흡수하는 식물성 플랑크톤의 성장과 번식을 촉진시켜 지구 온난화를 막는 데 기여한답니다. 그리고 황사에 포함된 석회, 마그네슘, 칼슘 등 알칼리 성분이 대기 중의 산성 물질을 중화시켜 산성비를 억제하기도 하고, 우리나라 토양을 중화시키기도 하는 등 산성화 방지에도 큰 역할을 한다는 군요.

아울러 황사에 포함된 무기 염류가 식물성 플랑크톤의 생장을 촉진하여 동물성 플랑크톤과 어류의 생장을 촉진하고 어패류의 영양분으로 작용할 뿐만 아니라, 황사 알갱이가 플랑크톤에 달라붙어 바다 속으로 가라앉아 적조 현상을 줄여주기도 하는 등 해양 생물의 생장에 도움을 준답니다.

그렇지만 우리 생활에 부정적인 영향을 주는 것도 사실입니다. 우리가 잘 알고 있다시피 황사가 발생하면 반도체와 같은 초정밀 산업은 비상이 걸립니다. 자칫 미세한 물질이라도 딸려 들어가면 제품을 망치게 되기 때문이지요. 항공기 엔진에도 손상을 주고 이착륙할 때에 시야를 방해하여 사고 발생 가능성도 커지게 됩니다. 인체에도 미치는 영향은 큽니다. 황사가 발생하면, 호흡기 질환자가 평소보다 21% 늘고, 입원도 9%나 증가한답니다. 또 천식 환자의 경우 사망률이 일반인보다 2.4배가 늘고, 황사 다음 날 심혈관 환자의 외래 진료 및 입원이 5% 상승한다는군요.

특히 최근에 황사가 문제가 되는 것은 예전의 황사와는 달리 중국의 공업 지대를 거쳐 오면서 오염 물질이 달라붙어 성질이 변해 버린다는 점입니다.

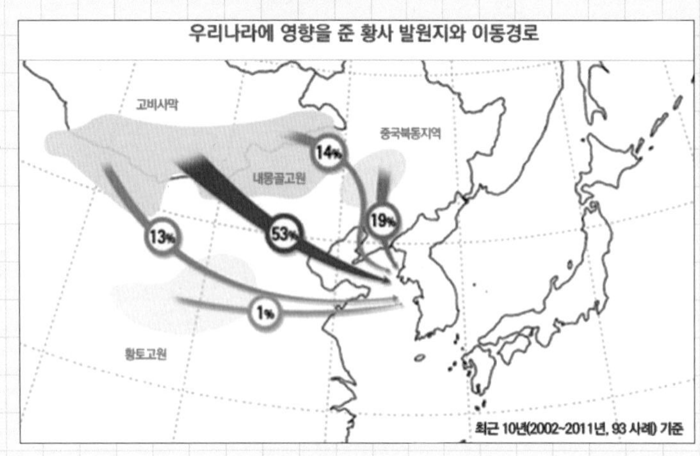

〈기상청 위험기상정보포털 자료〉

마무리 활동

지금까지 우리는

국토의 위치와 영역, 지형 환경, 기후 환경에 대해 살펴보았습니다.

마무리 활동에서는 앞에서 배운 내용을 모두 활용한

세 가지 활동을 해보려고 합니다.

무지개 국토 퍼즐 맞추기, 빗방울 삼형제의 국토 여행,

그리고 한반도 기후 모자이크 만들기인데요.

가위와 풀이 필요하니 미리 준비해두세요.

그럼 시작해볼까요?

1. 무지개 국토 퍼즐 맞추기

다음 그림 조각들은 우리나라의 각 지방별 행정 구역입니다. 활동 방법에 맞게 퍼즐 조각을 완성해 보세요.

| 방법 |

① 맨 앞의 지도부터 차례대로 무지개 색 순서인 '빨강 → 주황 → 노랑 → 초록 → 파랑 → 남색→보라' 순서로 색칠하세요.

② 그런 다음 가위로 각 시·도의 경계를 따라 모두 오리세요. (단, 바다가 표시된 시·도의경우, 바다 부분의 직선을 따라 오리세요.)

③ 오려낸 지방별 지도를 아래 우리 국토의 나머지 부분에 제 위치에 맞게 붙이세요.

④ 우리 국토의 중앙 경선과 중앙 위선 마디를 찾아 서로 잇고 그 값을 쓰세요. 그것을 바탕으로 '국토 정중앙 배꼽 축제'는 어느 도에서 열릴지 추리해 보세요. □□□

⑤ 아래 〈보기〉를 참고하여 행정 구역(지방) 이름을 쓰고, 자기 지방에 ♥표 하세요.

보기	강원도, 경기도, 경상남도, 경상북도, 광주광역시, 대전광역시, 부산광역시, 서울특별시, 세종특별자치시, 울산광역시, 인천광역시, 전라남도, 전라북도, 제주특별자치도, 충청북도, 충청남도

⑥ 세종시가 위치한 곳에 O표 하세요.

* 이 책 마지막 페이지에 퍼즐 조각이 따로 인쇄되어 있으니 그것을 오려 활동해 주세요.

〈무지개 국토 퍼즐 맞추기〉

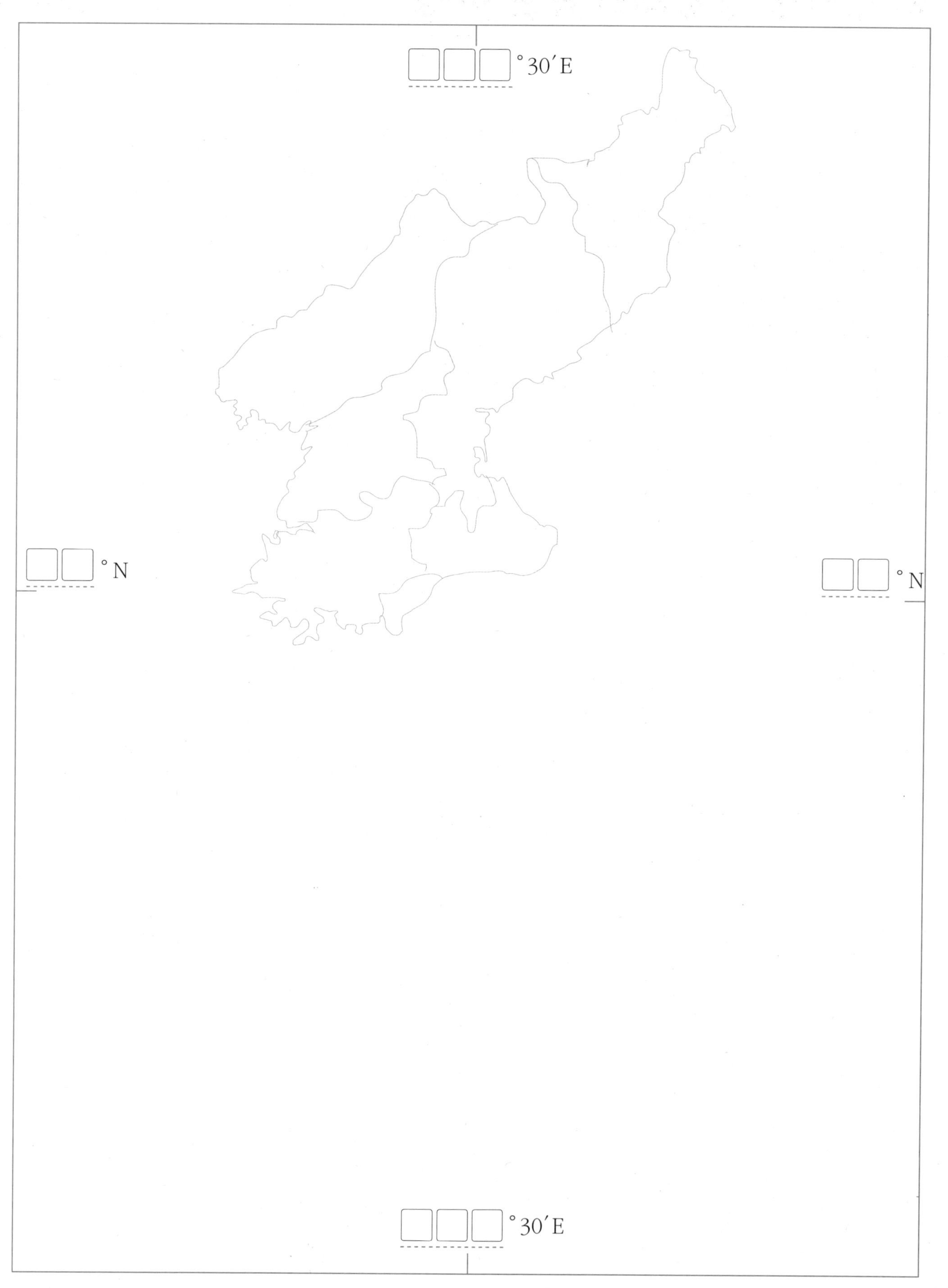

2. 빗방울 삼형제의 국토 여행

다음 글은 빗방울 삼형제의 국토 여행 내용입니다. 읽고 물음에 답하세요.

사이좋은 빗방울 삼형제가 백두산 천지에 떨어졌습니다. 삼형제는 천지에서 재미있게 헤엄치며 놀다가 더 넓은 세상을 경험하기로 뜻을 모았습니다. "자, 우리 서로 다른 방향으로 여행을 떠나 우리 국토의 맨 남쪽 섬에서 만나기로 하자!"

서방울이의 여행

첫째인 서방울이는 ① **백두산 천지**에서 서쪽으로 여행을 떠났습니다. 강물 친구들과 함께 ② **압록강 줄기**를 따라 흘러가다가 ③ **중강진**을 지나게 되었지요. 그곳 친구들에게서 중강진은 기온이 1933년 1월 12일에 -43.6℃까지 떨어진 적도 있다는 말을 들었습니다. '세상에나, 영하 43.6℃라니!' 혼잣말로 되뇌며 계속 하류로 여행하다 어느덧 신의주에 이르러 서해 바닷물을 만났습니다. 짠물을 만난 서방울이는 신의주부터는 국토의 ④ **서해안을 따라 남쪽으로** 여행하기로 하였습니다.

해안선을 따라 계속 이동하다가 한강을 만났습니다. 갑자기 내륙의 모습이 궁금하여 ⑤ **한강을 따라 안으로** 한 참 들어가던 중 두 갈림길에서 망설이다가 ⑥ **남쪽 줄기를 따라** 들어가 보았습니다. 남한강 상류의 단양을 지나치고 있었는데 고수 동굴을 구경하고 나오던 지하수 친구들을 만나 여러 이야기를 나누었습니다. 가장 인상적인 말은 지하 동굴 위 여기저기에는 ⑦ **비행접시 모양의 우묵한 지형**이 있다는 것이었습니다. 서방울이는 왔던 물길을 다시 따라 나와 한강 입구에 다다른 다음 남쪽 해안선을 따라 계속 여행하였습니다.

이번에는 만경강과 동진강 부근에서 ⑧ **우리 국토의 가장 넓은 평야**를 보게 되었습니다. 그곳은 어찌나 넓은지 '지평선 축제'라는 행사가 벌어진다는 소식도 전해 들었습니다. 다시 해안선을 따라 계속 남으로 남으로 이동하다가 남해와 서(황)해가 만나 곳에 있는 가장 큰 섬인 진도에서 잠시 쉬고는 따듯한 남해를 건너 제주도 서쪽 해안을 따라 서귀포를 지나 드디어 우리 국토의 ⑨ **가장 남쪽 끝 섬**에 도착하였답니다.

중방울이의 여행

둘째인 중방울이는 지하수 친구들과 함께 백두산 남쪽으로 여행을 떠났습니다. 중방울이가 택한 여행길은 백두 대간을 따라 남쪽으로 가는 것이었습니다. ① **백두산 남쪽을 조금 지나자 백두 대간은 남서쪽**으로 달렸습니다. 줄지어 서있는 높은 산들은 정말 장관이었습니다. 중방울이는 북부 지방의 동해안에서 규모가 제법 큰 ② **함흥 평야**도 잠시 살펴보았습니다. 그곳 함흥은 조선을 건국한 이성계의 고향이라는 말을 동생 동방울이와 함께 전해 들었습니다. 다시 남쪽으로 방향을 잡아 가다 ③ **철령**을 통과하게 되었습니다. "아, 이게 그 유명한 철령관이구나!" 이곳을 중심으로 관서, 관북, 관동 지방이 나뉜다고 구름나라 초등학교에서 배운 기억이 났습니다. 금강산을 지나면서 봉우리를 세어 보니 모두 1만 2천개나 되었고, 그 경치는 말로 다 표현할 수 없었지요. 계속해서 설악산을 지나 ④ **대관령**에 이르니 양떼 목장을 견학온 육지나라 초등학생들을 볼 수 있었습니다. 태백산 부근에서 남서쪽으로 방향을 틀어 가다가 ⑤ **조령** 고개를 지나게 되었습니다. 이곳 남쪽 지방을 영남 지방이라고 부른다고 단풍나무들이 알려주었습니다. 드디어 백두 대간의 가장 남쪽 산 지리산에 당도하였습니다. 중방울이는 거기서 섬진강을 따라 남쪽으로 이동하다 여수에 이르러 잠시 쉰 다음에 남해를 건너 ⑥ **한라산 백록담**을 구경하고 남쪽 길로 내려와 고대하던 우리 국토의 ⑦ **가장 남쪽 끝 섬**에 도착하였답니다.

동방울이의 여행

막내인 동방울이는 백두산 동쪽 길을 여행길로 삼았습니다. 동방울이는 ① **두만강**을 따라 하류로 이동하였습니다. 동해 바다를 만나자마자 물이 차가운 듯하여 ② **국토의 동해안을 따라** 남쪽으로 남쪽으로 바삐 달려갔습니다. 왜냐하면 둘째 형 중방울이가 함흥 평야에 먼저 와 있다는 소식을 카톡으로 전해 들었기 때문이었습니다. 그곳에서 형이랑 원조 함흥냉면을 맛나게 먹었습니다. 그리고 둘은 아쉽지만 헤어져 각자 여행을 계속하였지요. 동방울이는 계속 동해안을 따라 이동하다가 첫째 형과 전화를 주고받았습니다. "막내야, 글쎄 이곳 서해안은 톱니처럼 들쭉날쭉 아주 복잡해! 바다건너 보이는 동네도 한참을 돌아가야 해. 거긴 어때?" "어, 형 이곳 동해안은 밋밋해서 거의 곧은 선 같아!"
동해시 부근에 이르러 동방울이는 동쪽으로 곧장 이동하여 울릉도에 도착하였습니다. 거기서 ③ **나리 분지**에서 나오는 지하수 친구들의 재미난 이야기도 들었습니다. 1962년 1월 31일에는 며칠 동안 내린 눈이 자그마치 293.6㎝, 그러니까 3미터가 쌓이기도 했었다는…. 그곳에서 다시 동남쪽으로 헤엄쳐 ④ **국토의 동쪽 끝 섬**도 살펴보고는 다시 남서 방향으로 쾌속정을 타고 이동하여 제주도 동해안을 지나 마침내 우리 국토의 ⑤ **가장 남쪽 끝 섬**에 도착하였습니다. 그곳에서 빗방울 삼형제는 카톡과 전화로 서로 못다 한 재미있는 국토 여행 이야기를 밤새 나누었답니다.

1 위 글에서 밑줄 친 장소나 길을 뒤쪽 지도에 번호를 붙여 순서대로 표시하세요. 장소는 점(•), 해안선이나 길은 선(~)으로 표시해 보세요. 단, 서방울이가 여행한 곳은 파랑색, 중방울이는 **검정색**, 동방울이는 빨강색으로 표시하세요. 만일 지명이 제시되어 있지 않으면, 실제 지명을 알아내어 쓰세요.

2 서방울이 여행기의 ①, ⑦의 지형 이름, 중방울이 여행기의 ④일대에 발달하는 지형 이름과 ⑥의 지형 이름, 동방울이의 ③의 지형 이름을 지명 옆에 함께 써 보세요.

<빗방울 삼형제의 국토 여행길>

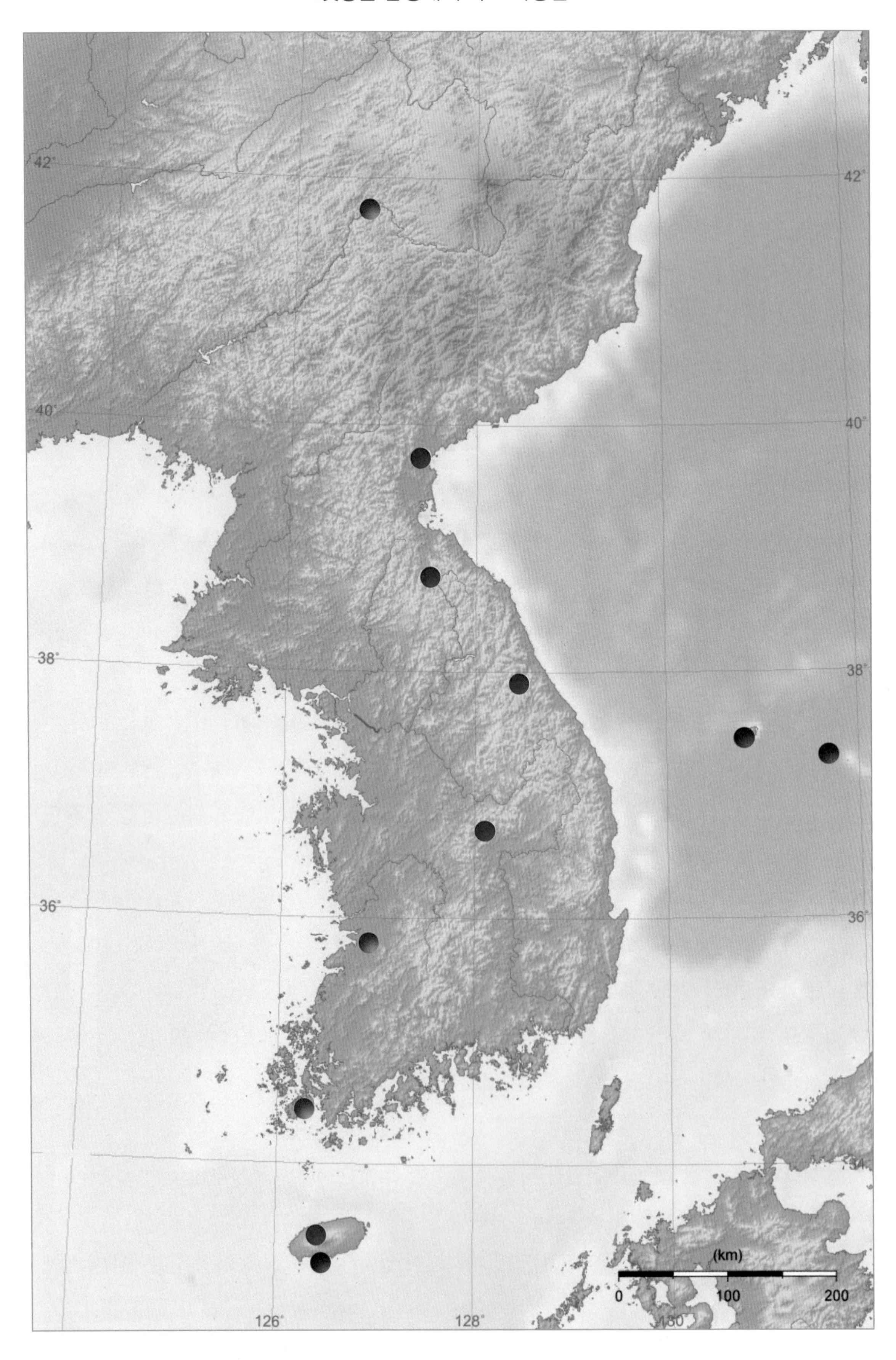

3. 한반도 기후 모자이크 만들기

1 우리 국토의 계절 변화는 '봄철 → 장마철 → 한여름철 → 가을철 → 겨울철'의 순서로 나타납니다. 다음 그림을 바탕으로 어느 계절의 날씨 예보일지 추리해 보세요.

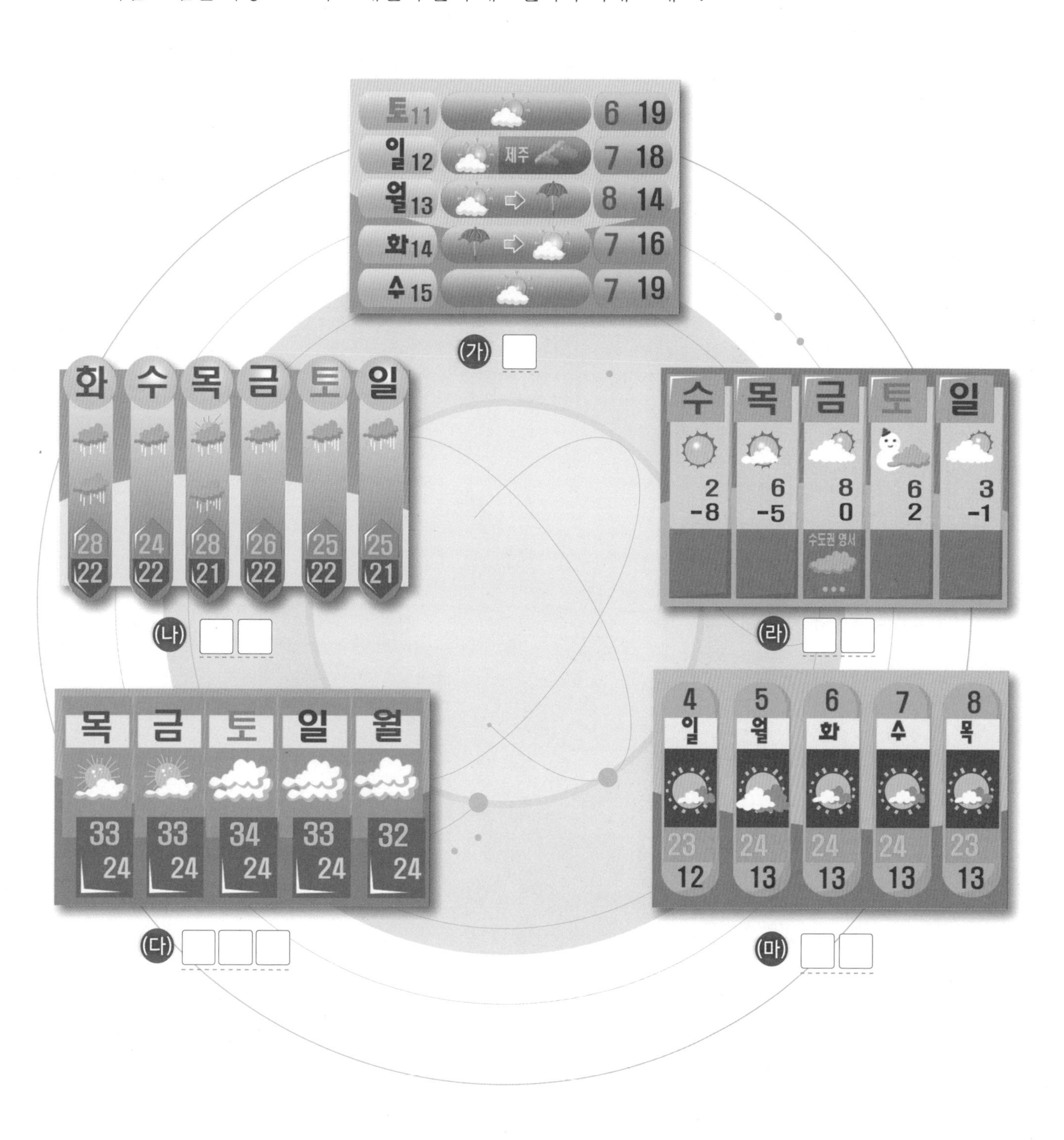

2 우리 국토의 기후 모자이크 만들기

① (가) 계절에 발생하는 현상으로 옛날에는 '흙비(雨土)'라고도 불렀습니다. 그 범위를 주황색으로 칠하세요.

② (나) 계절에 가장 큰 영향을 미치는 두 기단 중에서 더 북쪽에 있는 기단을 찾아 이름을 쓰고, 하늘색으로 칠하세요.

③ (다) 계절에 가장 큰 영향을 미치는 기단을 찾아, 이름을 쓰고 빨간색으로 칠하세요.

④ (라) 계절에 가장 큰 영향을 미치는 기단을 찾아 이름을 쓰고, 파란색으로 칠하세요.

⑤ 늦봄에서 초여름에 걸쳐 영서 지방에 부는 높새바람을 찾아 보라색으로 칠하세요.

⑥ 태풍이 이동한 경로를 따라 **검정색 선**으로 이으세요.

⑦ 최한월(1월) 평균 기온 0℃선을 찾아 분홍색으로 이으세요.

⑧ 다우지(多雨地)를 찾아 초록색, 소우지(少雨地)를 찾아 노란색으로 칠하세요.

정답 및 해설

01 우리 국토의 모습

act 1

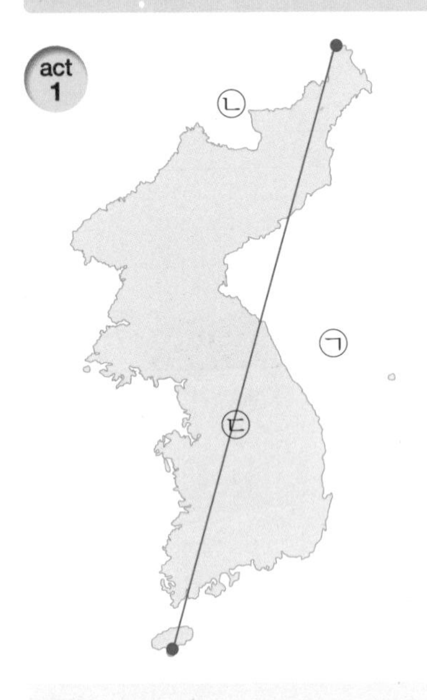

| 해설 |
한반도 지도에서 가장 위쪽과 제주도에서 가장 아래쪽에 점을 찍은 다음 직선으로 두 점 사이를 연결하세요.

act 2

1 왼쪽의 약지도대로 그려보세요.
2 왼쪽의 약지도대로 그려보세요.
3 왼쪽의 약지도대로 그려보세요.

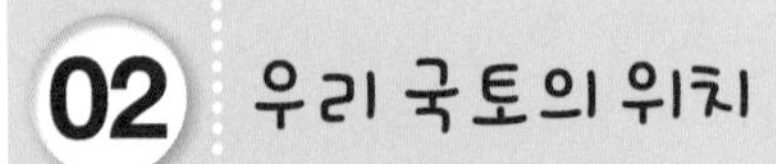

02 우리 국토의 위치

act 1

1

2 아시아
3 태평양
4 적

act 3

1

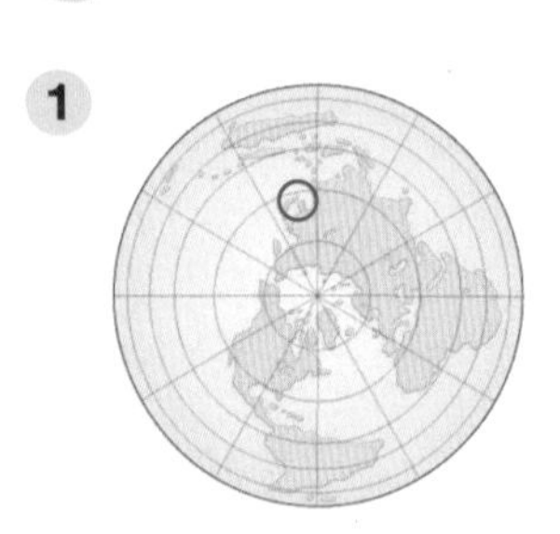

2

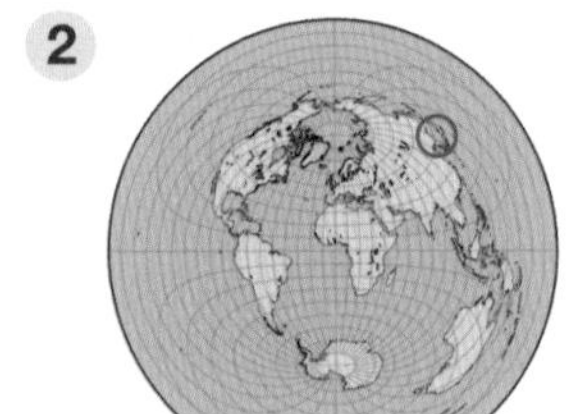

4

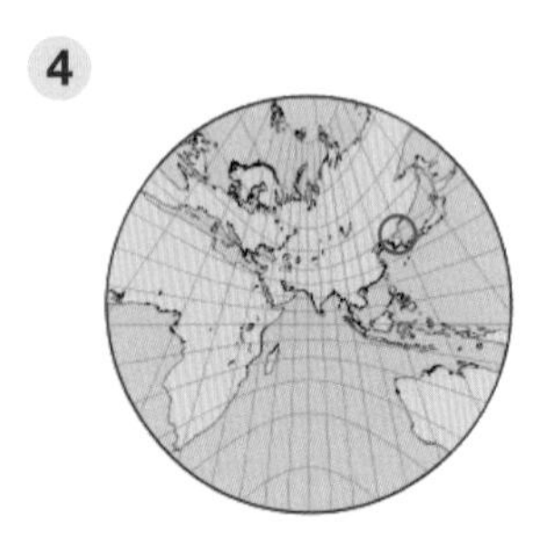

5

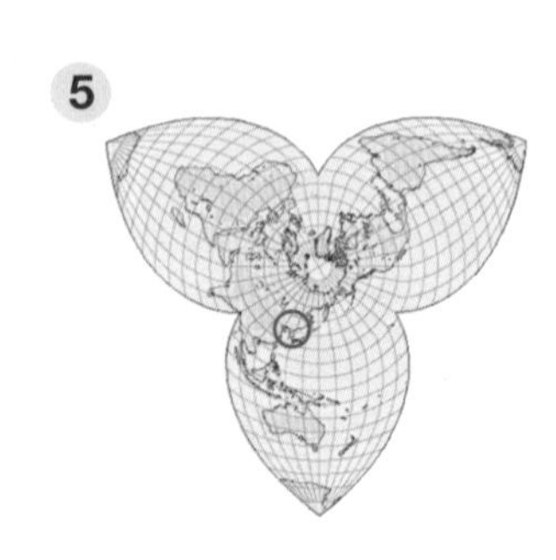

3

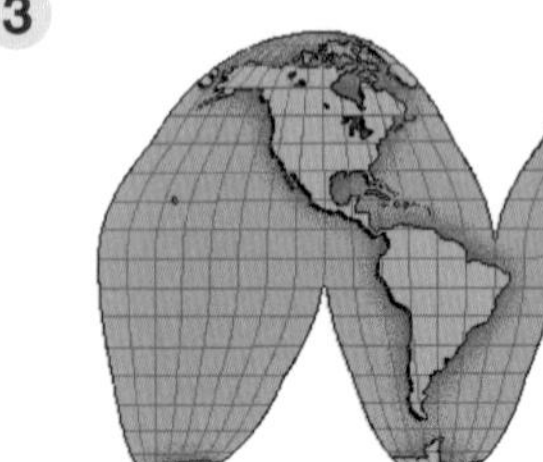

하나 우리 국토의 위치와 영역

03 위치의 특징과 숨겨진 의미

act 1

1 왼, 오른

2 왼, 오른

act 2

1 산 아래, 산꼭대기

2 바람, 외적

act 3

1 중국, 인도

2 떼어

3 완화

act 4

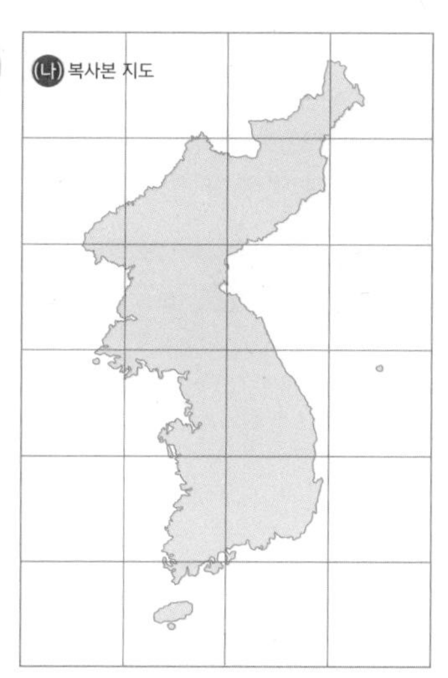

㈐ 절반(1/2) 축소본 지도도 같은 방식으로 그립니다.

04 영향력과 관계를 나타내는 위치

act 1

1 맨 앞

2 맨 뒤

3 가운데

4 높

| 해설 |

맨 앞이나 가운데는 다른 위치에 비해 잘 보이는 자리입니다. 그만큼 많은 관심을 받을 수 있겠죠. 따라서 중요한 인물이나 주인공의 경우 맨 앞이나 가운데에 위치하는 것이 일반적입니다.

act 2

1 친구의 이름을 적어보세요.

2 그 친구가 내 옆에 앉았으면 하는 이유를 적어보세요.

act 3

1 동

2 서

3 동, 서, 서

| 해설 |

우리나라의 산지는 주로 동쪽에 발달되어 있고 큰 강들은 이런 산지에서 시작합니다. 물은 높은 곳에서 낮은 곳으로 흐릅니다. 우리나라는 동쪽이 높고 서쪽이 낮으므로 큰 강들은 주로 서쪽으로 흐릅니다.

act 4

1 내륙, 해양

2 일본

3 말, 배

4 몽골

05 수리적 위치의 이해를 위한 위도와 경도

act 1

1 ① 가로 ② 적도 ③ 위도

2 ① 세로 ② 본초자오선 ③ 경도

act 2

1 커

2 남위

3 남반구

4 커

5 동경

6 동반구

act 3

1 경선, 본초자오, 0, 경도

2 위선, 적, 0, 위도

3 북반구, 동반구

06 우리 국토의 수리적 위치

act 1

1 3, 3

2 택훈

3 준현

4 ㉠ ㉡ ㉢

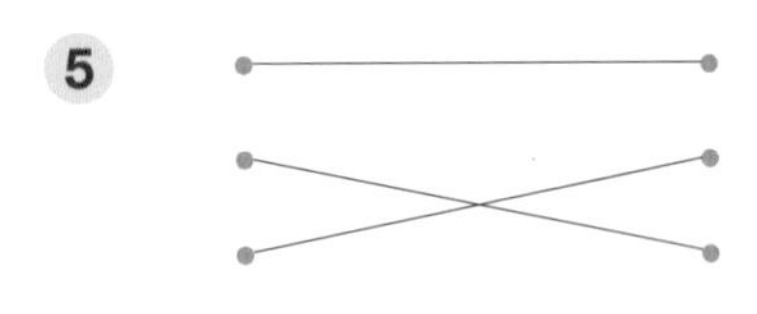

| 해설 |
지형지물(地形地物)은 땅의 생김새와 땅 위에 있는 물체를 말합니다.

5

act 2

1

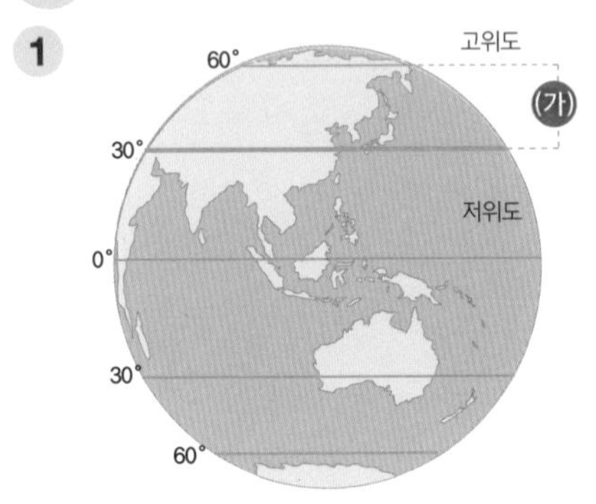

2 중

3 중위도

4 30, 60

act 3

1 ~ 3

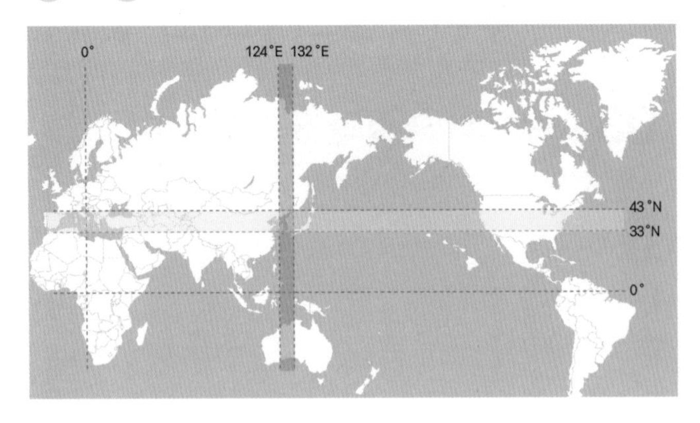

4 북, 동

act 4

1 ① 온성 ② 마안도 ③ 독도 ④ 마라도

2 ① 33, 43 ② 124, 132

3 ① 33, 10 ② 132, 8

4 10, 1110

5 100, 1000, 3000

6 38

07 수리적 위치가 장소에 미치는 영향

act 1

1 다, 가

2 둥글

3 중

4 적

5 C, 열대, A, 한대

6 중, 온대

act 2

1 A, 밤

2 자전

3 나

| 해설 |
지구는 서에서 동 즉, 반시계 방향으로 자전합니다.

1 다릅

2 다, 나, 가

| 해설 |
해는 동쪽에서 떠서 서쪽으로 지기 때문에 우리나라를 기준으로 서쪽에 있는 곳부터 차례대로 해가 뜹니다. 따라서 우리나라의 서쪽에 가장 가까운 (다) 지역이 이어서 아침 해를 볼 수 있습니다.

act 4

1 한낮 12:00

2 ① 360° ② 24 ③ 15, 15, 1 ④ 1, 15 ⑤ 8

08 우리나라와 수리적 위치가 비슷한 나라

1

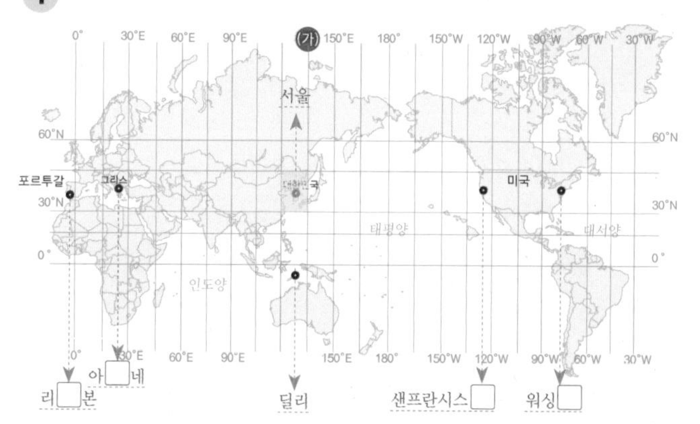

2 135

3 지도 참고

4 리스본, 아테네, 샌프란시스코, 워싱턴

5 딜리

act 2

1 그루지아, 아제르바이잔, 투르크메니스탄, 키르기스스탄, 타지키스탄

2

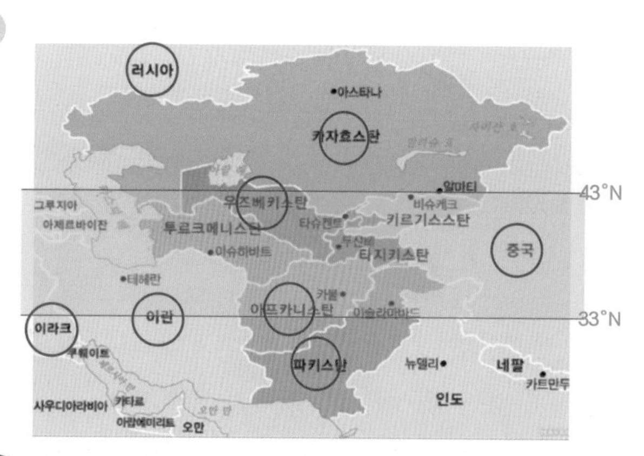

act 3

1

2 ① 러시아 ② 중국 ③ 필리핀 ④ 인도네시아 ⑤ 동티모르 ⑥ 오스트레일리아

| 해설 |
동티모르는 인도네시아 동쪽, 오스트레일리아 북쪽의 티모르 섬에 위치한 작은 섬나라입니다.

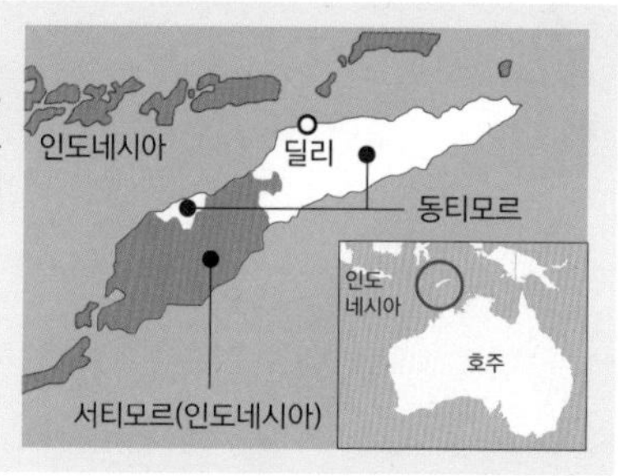

09 우리 국토의 지리적 위치와 관계적 위치

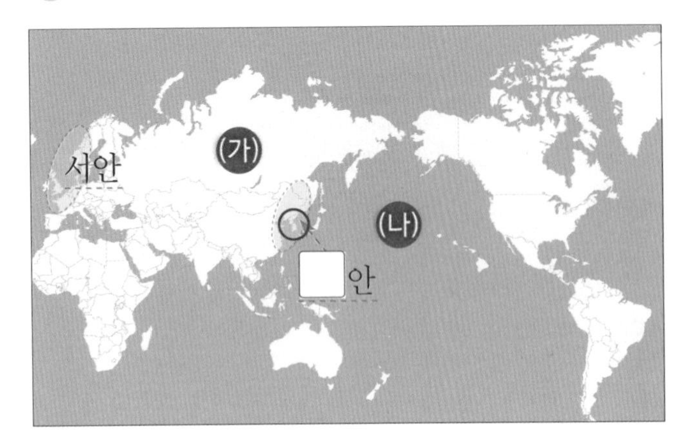

2 ㉮ 유, 시아 ㉯ 태평양

3 동

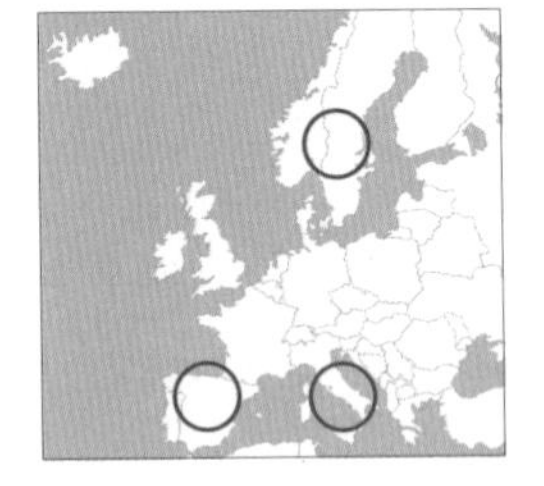

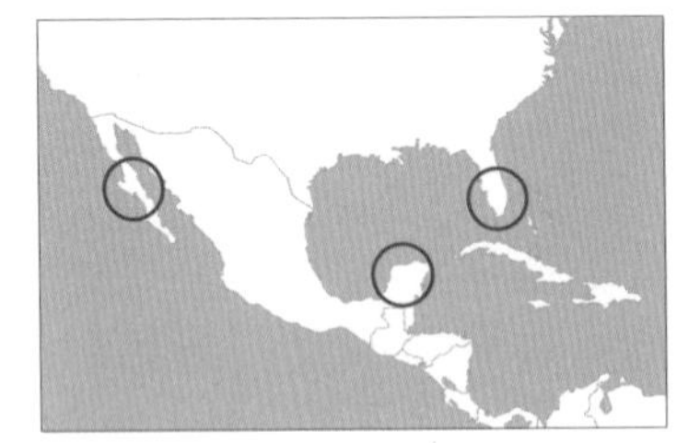

act 3

1

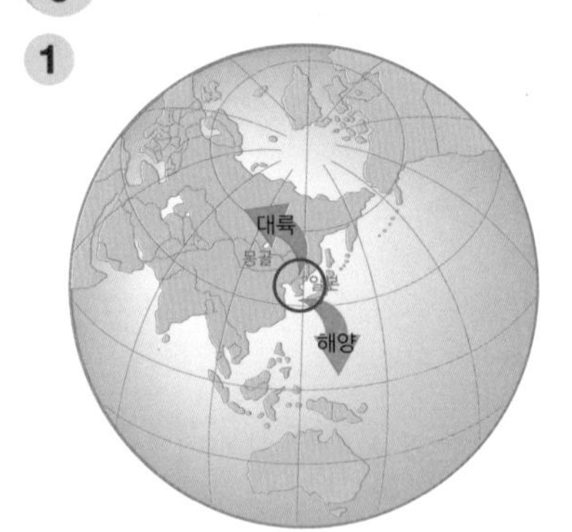

2 라시아, 동, 도

3 육지, 바다

4 륙, 해

1 ㉮ → ㉯ → ㉰

| 해설 |
역사적으로 우리나라는 ㉮와 같이 대륙과 해양으로부터 다른 나라의 침입에 시달려 왔었고, 광복 이후에는 ㉯처럼 공산주의와 자본주의의 이념 대결로 분단과 전쟁을 겪었습니다. 하지만 현재는 ㉰와 같이 동아시아의 무역 강대국으로 세계로 뻗어나가고 있습니다.

2 변하는

10 우리 국토의 영역이 지니는 특징

act 1

1 ㉮ 영공 ㉯ 영토 ㉰ 영해

2 Ⓐ 하 Ⓑ 땅 Ⓒ 다

1 22, 3

2 10

act 3

1 83

2 107

act 4

1

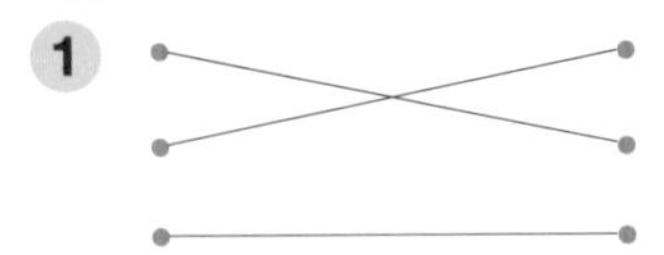

2 ① 지도의 빨간 점선을 따라 선을 그어보세요.
② 섬, 해안, 직, 상
③ 늘어난다

act 5

1 지도의 파란 점선을 따라 선을 그어보세요.

2 서해안

3 섬, 12, 안

4 직선 기선, 통상 기선

5 22, 22, 22

지금까지 배운 내용을 정리해 봅시다.

1. 위치의 뜻과 중요성

1 위치

2 자리

3 관계

2. 우리 국토의 위치

1 ① 위도, 경도 ② 33, 43, 북, 중, 기후, 온대
③ 124, 132, 동, 시간대, 9

2 ① 지형지물 ② 유라시아, 반도, 대륙, 해양

3 ① 관계 ② 달라져

3. 우리 국토의 영역

1 영토, 영해, 영공

2 22, 10

3 직선, 통상

둘 국토의 지형 환경과 우리 생활

11 우리 국토의 전체적인 생김새와 특징

㉮ 만 ㉯ 해 ㉰ 반도 ㉱ 해협 ㉲ 대양

act 2

1

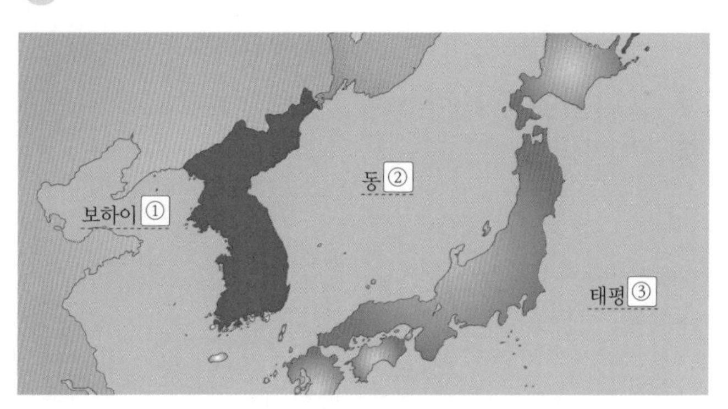

2 ① 만 ② 해 ③ 양

3 반도

1 ㉮ 한만 ㉯ 동,만 ㉰ 경,만

| 해설 |
· 서한만 : 평안북도 서쪽과 황해도 서쪽 끝 사이에 있는 만입니다.
· 동한만 : 함경남도와 강원도 사이의 위치해 있는 만입니다.
· 경기만 : 황해도 남쪽과 충청남도 사이에 위치해 있는 만입니다.

2 ㉮ 해 ㉯ 동해 ㉰ 남해

3 ⓐ 제주 해협 ⓑ 대한 해협

| 해설 |
· 제주 해협 : 한반도와 제주도 사이에 위치해 있는 해협입니다.
· 대한 해협 : 한국의 부산과 일본의 쓰시마 섬 사이의 해협입니다.

12 우리 국토의 산지가 지닌 특징

1

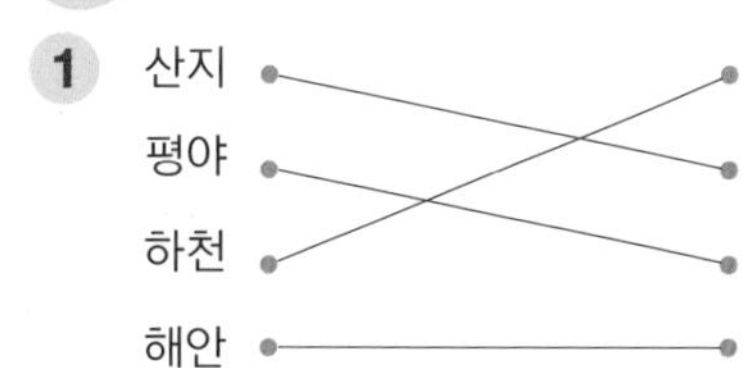

2

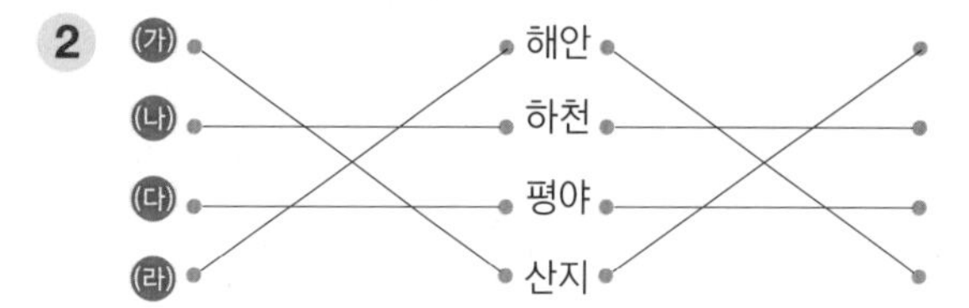

act 2

1 40 **2** 4 **3** 산지, 낮은

act 3

1

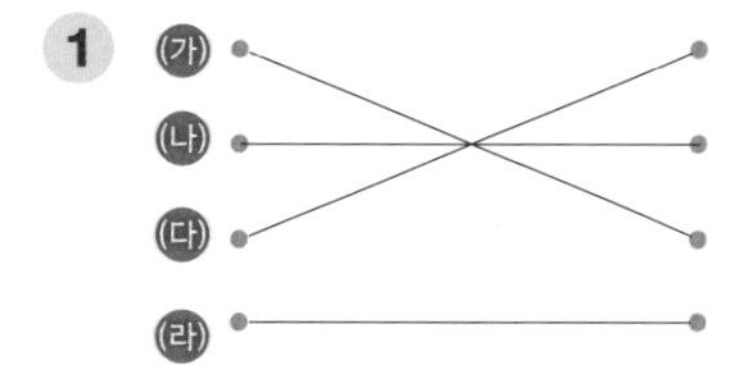

2 ① 산 ② 산 ③ 산 ④ 산

3 산

act 4

1 낮은

2 ① 높, 낮 ② 낮, 높 ③ 낮, 높

3

동, 서

act 5

1 ㉮ 지세 ㉯ 인구 밀도

2 산지, 낮고, 남서부

3 동부 산지

4 지세, 인구

| 해설 |
인구 밀도(人口密度)는 단위 면적당 인구수를 말합니다. 보통은 1㎢ 안에 살고 있는 사람의 수를 기준으로 인구 밀도를 정합니다.

act 6

1 대관

2 평

3 6

act 7

1

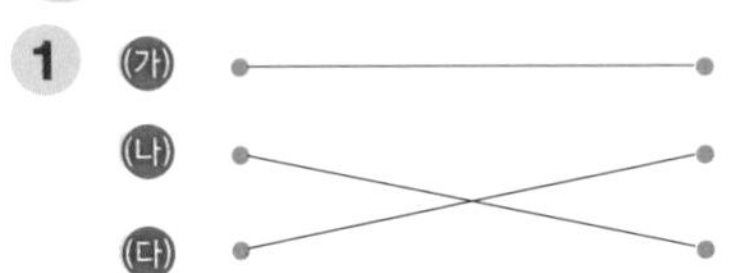

2 여름, 겨울

act 8

1 지시 사항에 맞게 그려보세요.

2 산맥

3 마천령, 적유령, 마식령, 차령, 노령

act 9

1 마천령

2 낭림

3 소백

4 계

act 10

1 ㉯

2 ㉯, 고개마루, 고개마루

3 령(嶺), 우금티

| 해설 |
봉(峰)은 산꼭대기인 봉우리를 의미하는 한자입니다. 그리고 영(嶺)은 고개를 의미하는 한자입니다.

act 11

1 관북, 관서

2 영서, 영동

3 영남

| 해설 |
고개의 끝 낱말과 방향 이름을 조합하세요. 철령관의 '관'과 북쪽의 '북'을 조합하면 '관북'이 되지요.

4 고개

13 우리 국토의 강과 평야가 지닌 특징

act 1

1 강, 천

2 상, 하

act 2

1
- 빨강 : 독로강, 장진강, 허천강, 부전강
- 파랑 : 압록강, 대령강, 청천강, 대동강, 재령강, 예성강, 임진강, 한강, 안성천, 삽교천, 금강, 만경강, 동진강, 영산강
- 노랑 : 두만강, 수성천, 어랑천, 남대천, 성천강, 용흥강
- 검정 : 섬진강, 낙동강

2 14, 6, 2

3 서, 낮

1, 2

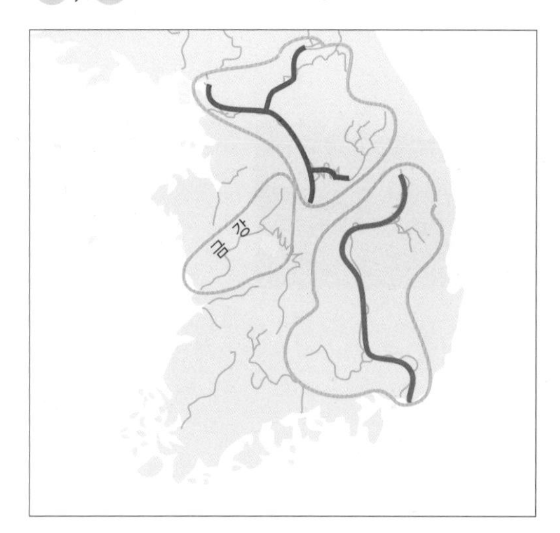

act 4

1 ① 중강진, 신의주 ② 평양 ③ 서울, 춘천, 충주 ④ 공주 ⑤ 안동, 대구

2 강

| 해설 |
진주 근처를 흐르는 강은 남강입니다. 남강은 경상남도 함양군 덕유산에서 발원하여 경상남도 함안군 대산면에서 낙동강과 만나는 강입니다. 강의 길이는 약 186.3㎞입니다.

act 5

1 강

2 (가) ─ (나) ╳ (다)

act 6

1 ① 용천 ② 안주 ③ 평양 ④ 재령 ⑤ 연백 ⑥ 김포 ⑦ 안성 ⑧ 예당 ⑨ 논산 ⑩ 호남 ⑪ 나주 ⑫ 김해 ⑬ 함흥 ⑭ 수성

2 서남부, 하, 동고서저

act 7

1 (가) 벼 (나) 보리 (다) 밀

2 논

3 벼, 논

4 논

14 우리 국토의 해안이 지닌 특징

act 1

1 ~ 2 해안선을 따라 직접 그려보세요.

3 (가) 서 (나) 남 (다) 동

4 복잡한, 동

act 2

1 (가) 만 (나) 반도

2 나란히, 엇갈려

act 3

1 (가) 갯 (나) 백사

2 (가) 진 (나) 모

3 (가) 서, 남 (나) 동

act 4

1 갯벌, 백사장

2 서, 갯벌 진흙, 동, 바위 더미

3 보령, a, 동해, b

15 우리 국토의 특수지형 1 – 카르스트 지형

act 1

1

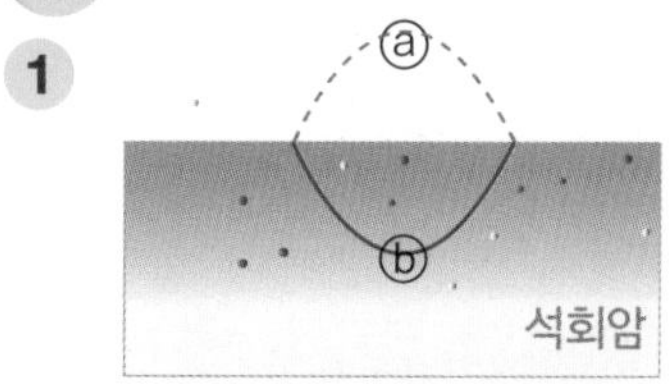

2

1 석회

2 (우묵한 땅을 표시하는 등고선을 찾아 모두 파란색으로 칠하세요.) 돌리네

3 시멘트

5 밭

1 석회암, 관광

2 밭, 시멘트, 관광

우리 국토의 특수지형 2 – 화산 지형

1

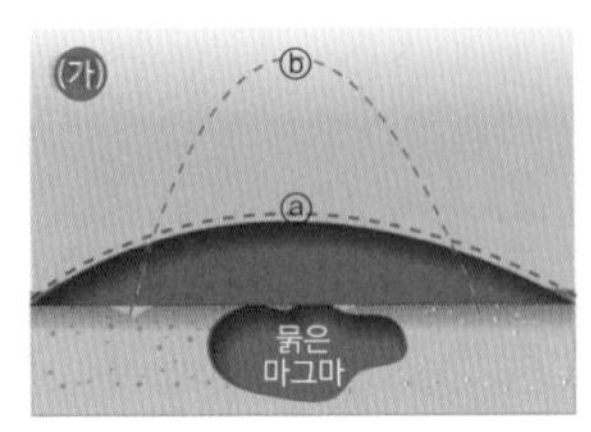

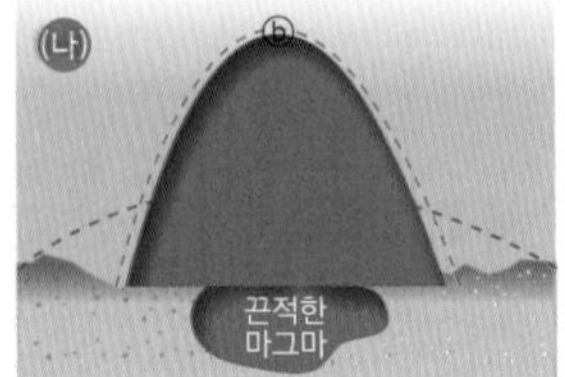

2

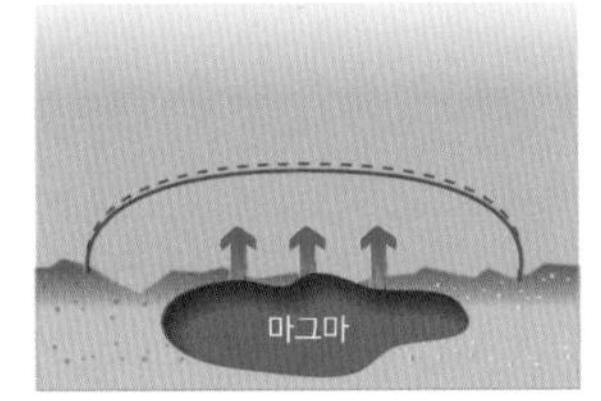

3 방패, 종

1

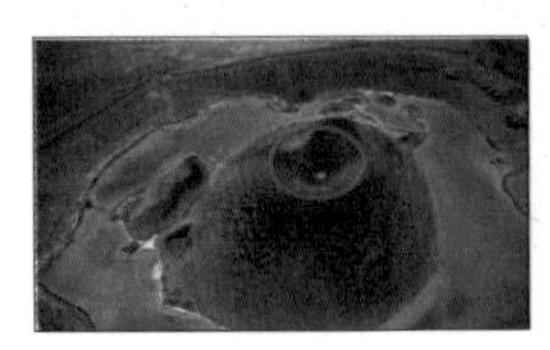

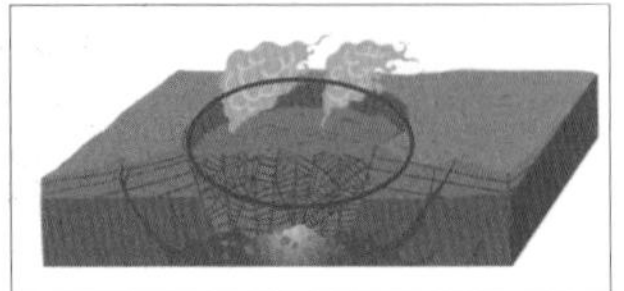

2 호수

3 화구, 칼데라, 칼데라

1 ⓐ 백두 ⓑ 철원 ⓒ 울릉 ⓓ 제주

2

3 칼데라

4 철원, 높

5 용암

1 3,000, 종상

2 칼데라 분지

1 (능선을 따라 진하게 그리세요.) 순상

2 화구

3 오름

4 기생

지금까지 배운 내용을 정리해 봅시다.

1. 국토의 전체 모습

반도

2. 국토의 지형 환경

1 ① 산지 ② 낮 ③ 고, 저 ④ 고위평탄 ⑤ 경 ⑥ 남서

2 ① 서 ② 강 ③ 남서 ④ 논

3 ① 서, 남, 동 ② 갯벌, 백사장 ③ 양식, 해수

4 ① 카르스트, 돌리네, 동굴 ② 밭, 시멘트, 관광

5 ① 백두, 철원, 울릉, 제주 ② 종상, 순상, 용암 ③ 칼테라

3. 지형 환경과 우리 생활의 관계

통, 시, 구, 지

셋 국토의 기후 환경과 우리 생활

17 우리 국토의 기후 유형

act 1

날씨, 기후

act 2

1
2
3

act 3

1 6
2 열대, 건조
3 열, 건, 온, 냉, 한

act 4

1 온, 냉
2 3
3 냉, 온
4

act 5

1 어리, 낮, 높, 건조, 다습
2 ① ② ③ ④

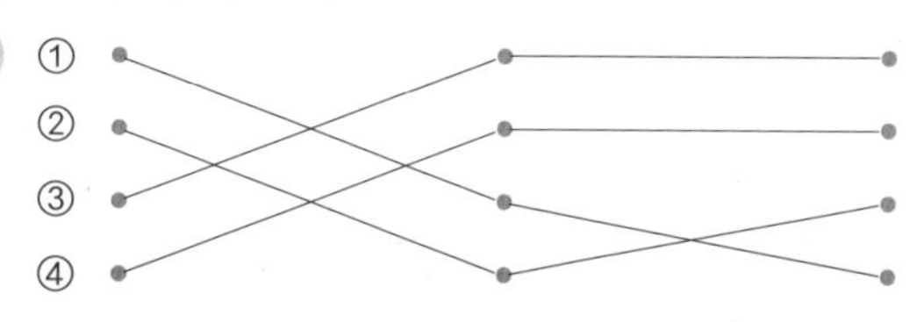

3 ① 겨울 ② 봄, 여름 ③ 봄, 을 ④ 여름

18 우리 국토의 기온 분포 특성

act 1

① 온 ② 람 ③ 수

act 2

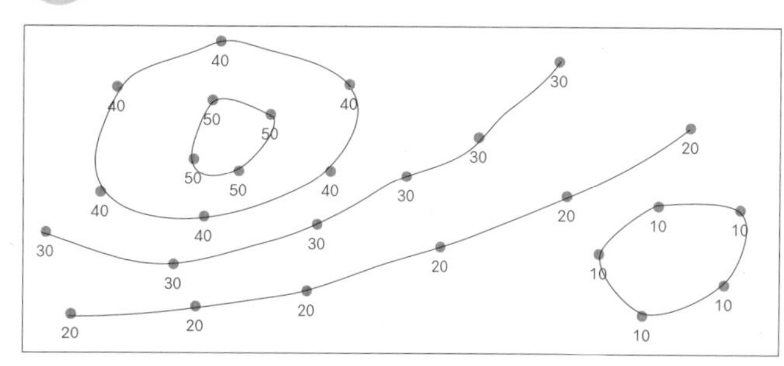

act 3

1 선, 원, 모임, 분산
2 ~ 3

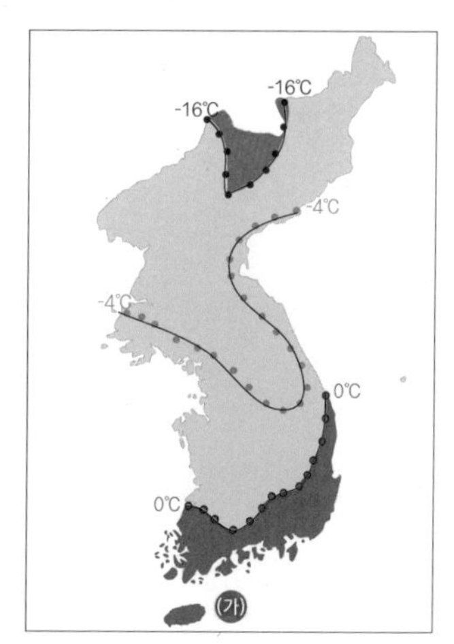

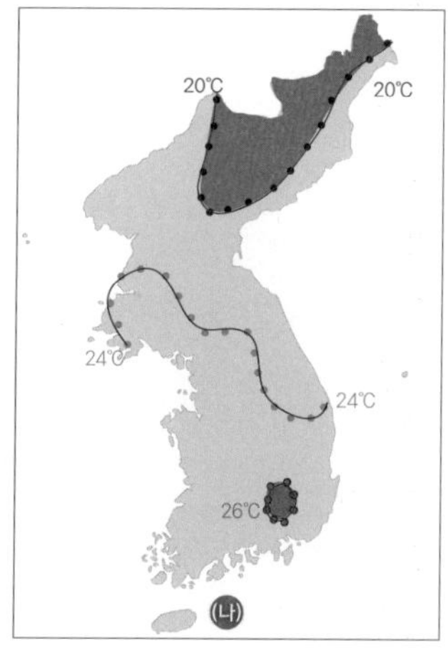

act 4

1
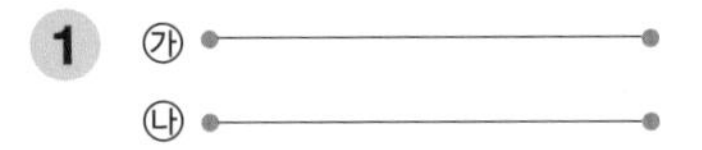

2 ① 16 ② 24, 31 ③ 28 ④ 2, 27 ⑤ 6

| 해설 |
영상 기온과 영하 기온의 차이를 구할 때는 두 기온을 더해주면 됩니다. 예를 들어 영상 10도와 영하 5도의 차이는 10+5=15, 즉 15도입니다.

3 37, 20

act 5

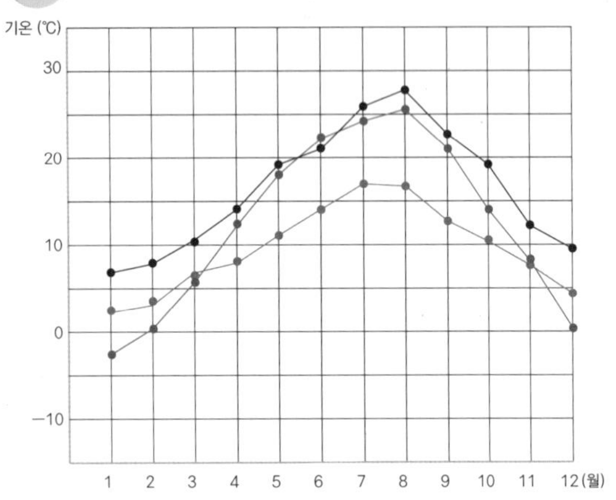

act 6

1 ① 13 ② 18 ③ 5 ④ 10

2 크게

act 7

1 대륙성

2 시베리아, 북태평양

act 8

1 낮, 적게

2 22

3 북, 멀리, 남, 가까운

act 9

1 3

2 비슷한

3 태백, 난류

act 10

1 5

2 20

| 해설 |
100m마다 기온이 0.5도가 감소하므로, 200m마다는 1도가 감소합니다. 산 밑에서 ㉮지점까지 고도는 1,000m입니다. 1,000m는 200m×5입니다. 따라서 200m마다 기온이 1도가 감소하면 1도씩 5번 감소하게 되므로 ㉮지점은 산 밑보다 기온이 5도가 낮습니다.

3 고도

19 기온과 우리 생활 사이의 관계

act 1

1 낮은

2 막을

act 2

1 ① 24 ② 26 ③ 29

2 음료

3 0, 2

act 3

1 27, 4

2 낮추는

3 열섬, 두 계절 모두, 인공열

20 우리 국토의 강수 분포

act 1

1 우

2 빗물

| 해설 |
측우기는 조선 세종 때 만든 세계 최초의 강우량 측정기입니다. 측우기는 세종의 아들인 문종이 세자였을 때 발명했다고 합니다.

act 2

1 ① 강수 ② 강우

2 ① 수 ② 우

act 3

1. ① 2　② 1
2. 807, 1274
3. 습윤, 변동이 크다는

act 4

1.

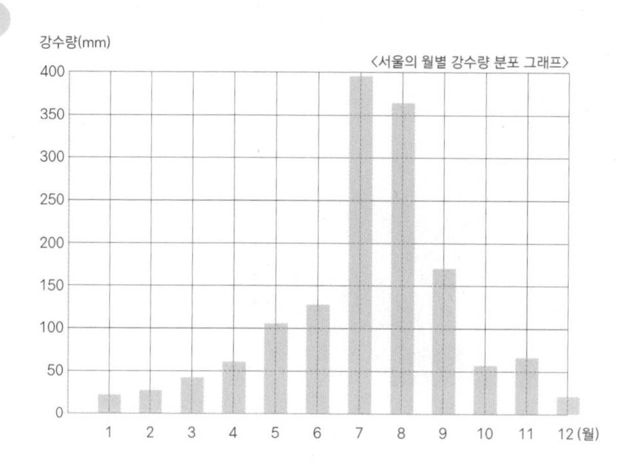

2. 여름, 마
3. 차이가 심하다는

act 5

1. 심하다
2. 유리
3. 장마, 오호츠크, 북태평양

act 6

1. 적어
2.

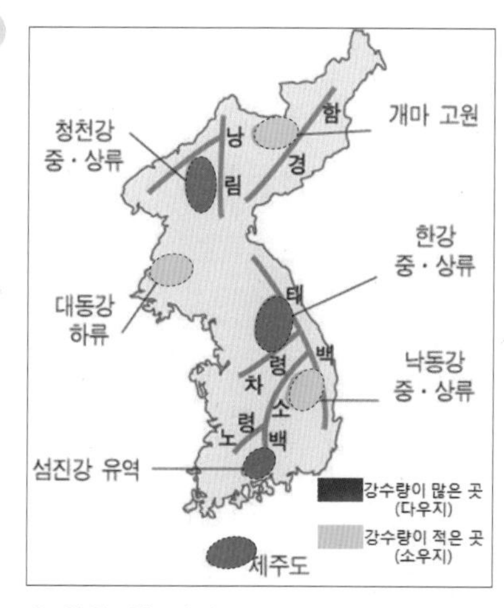

① 청천, 한, 섬진

② 개마, 대동, 낙동

3. 크다

act 7

1. 빼앗기면서
2. 올라가게
3. 메마르게
4. B
5. B, C, A
6. 바람

21 강수와 우리 생활 사이의 관계

act 1

1.

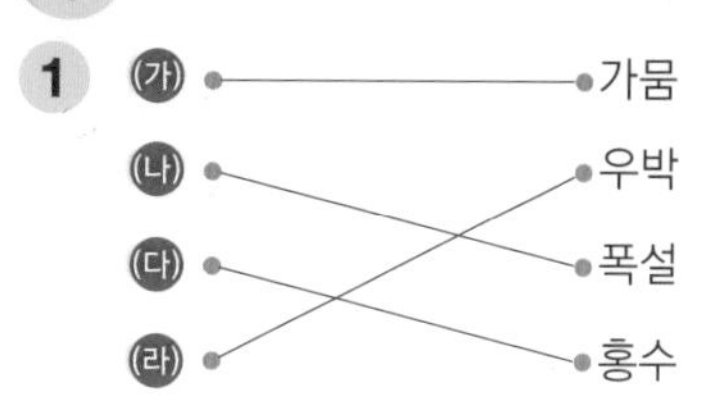

2. 올라간다

act 2

1. 비
2. 비
3. 높게
4. 홍수

act 3

1. 여름, 겨울
2. 눈, 다설지

22 우리 국토의 바람 특성

act 1

1. ㉮
2. ㉮
3. ㉮
4. 고기압, 저기압
5. 큰, 작은, ①
6. 고, 저

1 ㉮ 겨울 ㉯ 여름

2 ① 서 ② 남

3 계절, 겨울, 여름

4 차갑고 메마른, 뜨겁고 눅눅한

5 춥고 건조, 덥고 다습

act 3

1 ① 커 ② 무거워 ③ 하강 ④ ⓑ
⑤ 유라시아 대륙에서 태평양 쪽으로

2 ① 작아 ② 가벼워 ③ 상승 ④ ⓐ
⑤ 태평양에서 유라시아 대륙 쪽으로

act 4

1

시간	1월	7월
북	10	0
북북동	8	0
북동	2	0
동북동	0	0
동	0	0
동남동	0	0
동남	0	0
남남동	0	0
남	0	0
남남서	0	7
남서	0	9
서남서	0	4
서	0	4
서북서	0	0
북서	0	0
북북서	4	0

2

〈인천의 7월 풍향〉

3 ① 북, 남서 ② 계절

1 북동

2 ① 늦, 초 ② 영서 ③ 오호츠크

3 4

4 뜨겁고 메마르다

5 영서, 작물

1

2 저기압

3 10, 150, 열대

4 북서, 북동, 8

5 열, 저

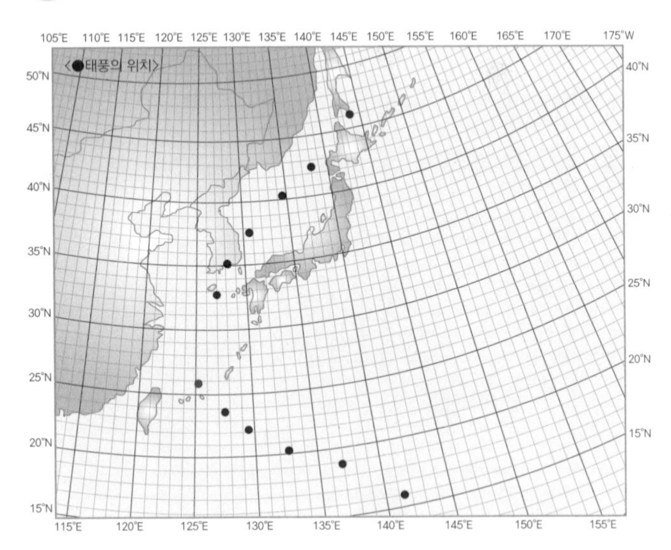

1 9, 12, 21

2 지도 참고

3 북서, 북동, 점차 약

1 북, 북

2 해

| 해설 |
방풍림은 바람을 막기 위해 조성된 숲을 말합니다. 바닷가에 조성된 방풍림은 바닷바람, 즉 해풍을 막기 위해 조성된 숲입니다.

3 바람

4 바람

23 우리 국토의 기후 특성과 생활 사이의 관계

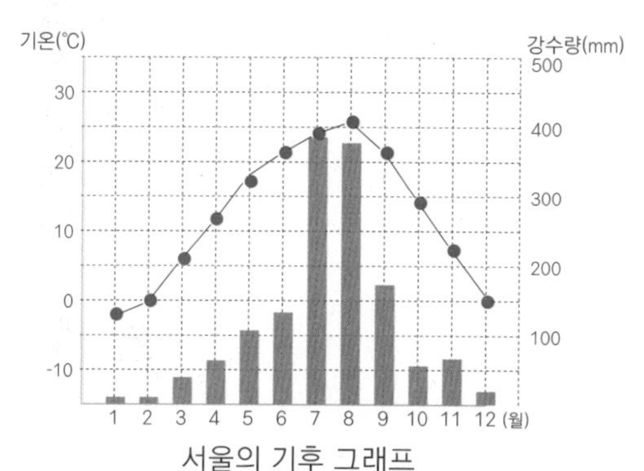

서울의 기후 그래프

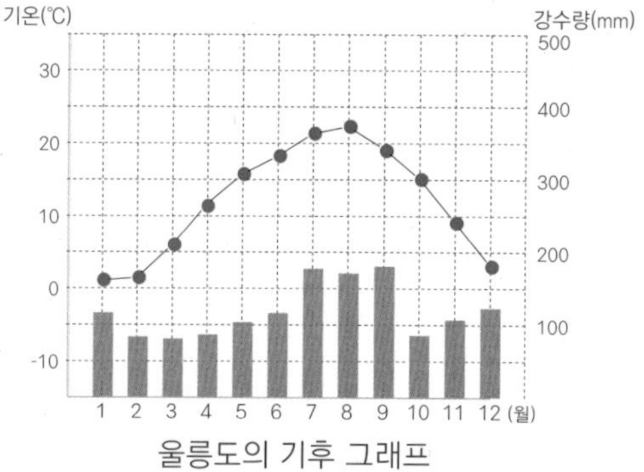

울릉도의 기후 그래프

1 시원, 따뜻

2 연중 골고루, 눈

act 2

1 ① 온 ② 마

2 겨울, 여름

3 ① 겨울 ② 여름 ③ 시베리아, 북태평양, 더, 위

act 3

1 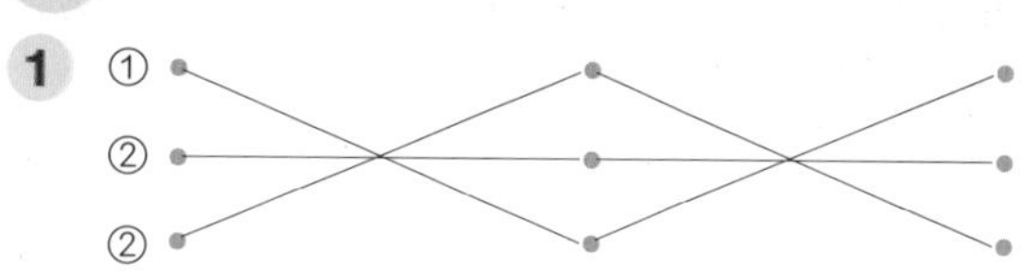

2 정주, 대청

3 남북으로 길이가 긴

act 4

1 ① 중 ② 유라시아 ③ 시베리아 ④ 겨울

2 통풍, 방풍

3 ① 다 ② 라 ③ 가 ④ 나

지금까지 배운 내용을 정리해 봅시다.

1. 다음 설명에 해당하는 말은 무엇일까요?

1 기후

2 기온, 강수, 바람

3 날씨

4 시베리아, 오호츠크, 양쯔, 북태평양

5 강수량

6 바람

2. 우리 국토가 지니는 기후 환경의 특성을 정리해볼까요?

1 • 대륙 • 위도 • 산맥, 난류 • 열섬

2 • 습윤 • 가뭄 • 여름 • 다우지

3 • 계절풍 • 높새 • 열대, 저

3. 기후 환경은 우리의 생산 활동과 일상 생활에 큰 영향을 끼칩니다.

1 산, 수

2 온돌, 대청

3 폐, 개

4 방풍, 통풍

마무리 활동

1. 무지개 국토 퍼즐 맞추기

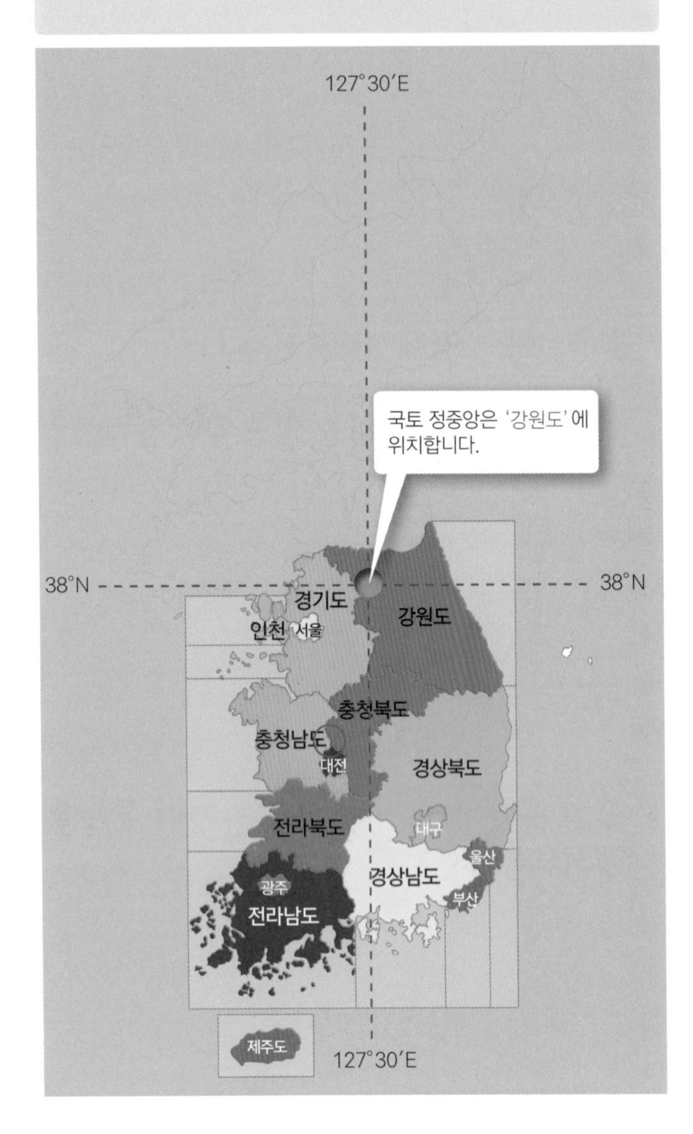

2. 빗방울 삼형제의 국토 여행

1

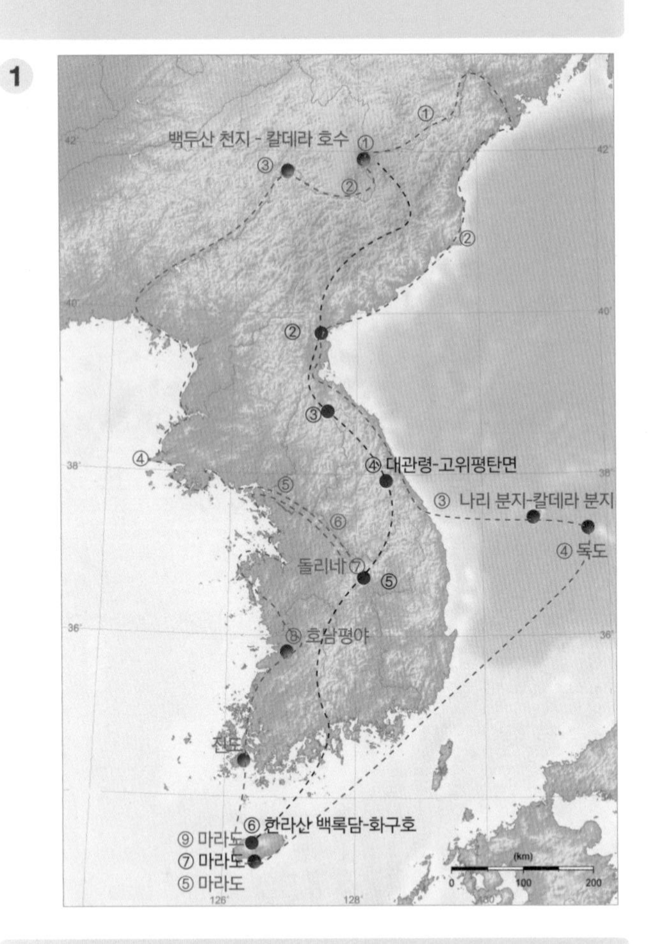

3. 한반도 기후 모자이크 만들기

1 ㈎ 봄 ㈏ 장마 ㈐ 한여름 ㈑ 겨울 ㈒ 가울

2

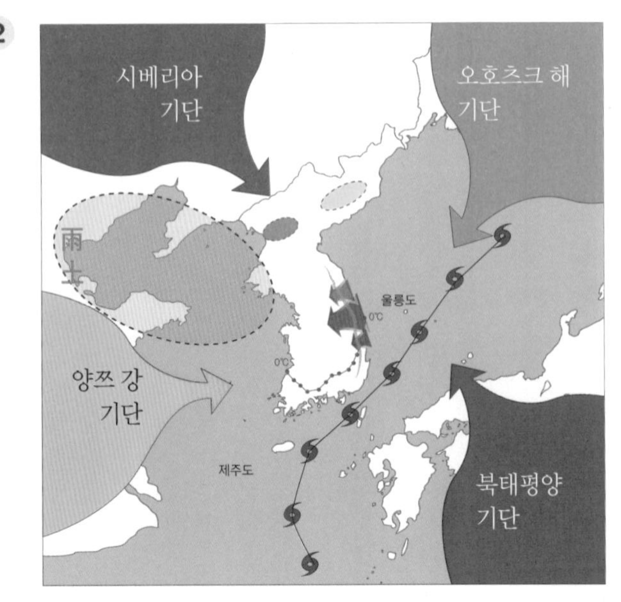

◉ 다음 그림 조각들은 우리나라의 각 지방별 행정 구역입니다. 활동 방법에 맞게 퍼즐 조각을 완성해보세요.

✂ 오려서 사용하세요.